污泥处理与处置新技术

蒋山泉　孙向卫　安继斌　著

北　京

冶金工业出版社

2024

内 容 提 要

本书分 9 章，内容以污泥处理与处置为主线，系统地介绍了污泥尤其是城市污水处理厂的污泥处理与处置的理论、方法和应用，重点介绍了最新的污泥处理工艺和处置方式。

本书可供从事给水排水工程和环境工程专业的设计人员、科研人员以及管理人员参考，也可作为高等院校环境科学、环境工程、环境管理等相关专业学生的教材和参考书。

图书在版编目（CIP）数据

污泥处理与处置新技术 / 蒋山泉，孙向卫，安继斌
著. -- 北京：冶金工业出版社，2024. 9. -- ISBN 978-
7-5024-9947-1

Ⅰ. X703

中国国家版本馆 CIP 数据核字第 2024JP4908 号

污泥处理与处置新技术

出版发行	冶金工业出版社	电　　话	(010)64027926
地　　址	北京市东城区嵩祝院北巷 39 号	邮　　编	100009
网　　址	www. mip1953. com	电子信箱	service@ mip1953. com

责任编辑　夏小雪　美术编辑　吕欣童　版式设计　郑小利
责任校对　梅雨晴　责任印制　窦　唯
北京建宏印刷有限公司印刷
2024 年 9 月第 1 版，2024 年 9 月第 1 次印刷
710mm×1000mm　1/16；12.75 印张；219 千字；192 页
定价 82.00 元

投稿电话　(010)64027932　投稿信箱　tougao@cnmip. com. cn
营销中心电话　(010)64044283
冶金工业出版社天猫旗舰店　yjgycbs. tmall. com
（本书如有印装质量问题，本社营销中心负责退换）

前　言

随着我国城镇化的推进和污水处理设施的完善，我国城镇污水处理规模位居世界第一，由此产生大量的污泥。污泥是污水处理过程中的副产物，富集了污水中大量有机物、污染物质与营养物质，具有污染和资源的双重属性。污泥处理过程会消耗大量的药剂和能源，同时以填埋为主的处置方式还会造成大量温室气体的排放，因此，污泥处理处置过程碳减排对污水处理行业的碳中和具有重要的意义。

基于污泥特性与处理处置技术特征，从碳中和的角度，污泥处理处置工艺路线的选择应考虑污泥处理处置过程节能降耗、逸散性温室气体排放，以及能量回收和产物利用形成的碳补偿三个重要因素。处理和处置过程应遵循"安全环保、循环利用、节能降耗、因地制宜、稳妥可靠"的基本原则。

本书就是在这一原则的基础上，对污泥的来源、特性以及处理工艺和处置方式进行了系统的介绍和研究。

全书由重庆文理学院蒋山泉、孙向卫、安继斌撰写，其中第1~4章由蒋山泉撰写，第5、7、8、9章由孙向卫撰写，第6章由安继斌撰写。梁书婷、谢朝霞、胡承波、刘红盼、李强参与文稿整理，并参加了部分章节插图绘制工作。本书获环境科学国家一流本科专业建设点经费资助和重庆市"十四五"资源与环境重点学科经费资助。

本书可供从事给水排水工程、市政工程、环境工程、环境科学、化学工程等专业的工程技术人员、科研人员以及有关管理人员使用，也可作为高等院校相关专业学生的教材或参考书。

　　在本书撰写过程中，参考和选用了一些单位和个人的著作和资料，在此谨向他们表示衷心的感谢。

　　由于作者水平所限，书中不妥或疏漏之处敬请广大读者批评指正。

作　者

2024 年 5 月

目　　录

1 城市污水厂污泥来源与组成 …………………………………………… 1

1.1 城市污水厂污泥来源与分类 …………………………………… 1

1.1.1 城市污水厂污泥来源 …………………………………… 1

1.1.2 城市污水厂污泥分类 …………………………………… 2

1.2 城市污水厂污泥产生量 …………………………………………… 3

1.2.1 城市污水厂的污泥产生量影响因素 ………………………… 3

1.2.2 城市污泥产生量与影响因素 …………………………… 3

1.3 城市污水厂污泥成分与特性 ……………………………………… 12

1.3.1 污泥物理性质 ……………………………………………… 12

1.3.2 污泥化学性质 ……………………………………………… 17

1.3.3 污泥生化性质 ……………………………………………… 20

1.3.4 湖泊底泥来源与组成 ……………………………………… 21

2 城市污水厂污泥排放现状和对策 ……………………………………… 22

2.1 城市污水厂污泥排放现状 ………………………………………… 22

2.1.1 城市污水处理状况 ………………………………………… 22

2.1.2 城市污水厂污泥排放状况 ………………………………… 26

2.1.3 排放标准 …………………………………………………… 27

2.1.4 城市污水厂污泥农用标准 ………………………………… 30

2.2 污泥的危害 ………………………………………………………… 31

2.2.1 污泥对水体环境的影响 …………………………………… 32

2.2.2 污泥对土壤的影响 ………………………………………… 34

2.2.3 污泥对大气环境的影响 …………………………………… 36

2.3 城市污水厂污泥处理与资源化政策法规 ………………………… 37

2.3.1　污泥处理与资源化技术政策 ……………………… 37

2.3.2　污泥处理与资源化法规与标准 …………………… 39

2.3.3　国外污泥处理与处置政策与法规 ………………… 43

3　城市污水厂污泥处理与资源化基本方法 ……………… 45

3.1　城市污水厂污泥处理与资源化技术原则 …………… 45

3.2　城市污水厂污泥处理与资源化基本方向 …………… 46

3.2.1　资源化利用 …………………………………… 46

3.2.2　焚烧处理 ……………………………………… 49

3.2.3　卫生填埋 ……………………………………… 49

3.3　城市污水厂污泥处理与利用技术单元组成 ………… 50

3.3.1　污泥减量 ……………………………………… 51

3.3.2　污泥预处理 …………………………………… 53

3.3.3　污泥热化学处理 ……………………………… 55

3.3.4　污泥生物处理 ………………………………… 56

3.3.5　污泥土地处理 ………………………………… 56

3.3.6　污泥的材料利用 ……………………………… 57

3.3.7　污泥的填埋处理 ……………………………… 58

3.4　污泥浓缩工艺 ………………………………………… 59

3.4.1　重力浓缩工艺 ………………………………… 59

3.4.2　气浮浓缩工艺 ………………………………… 65

3.4.3　离心浓缩工艺 ………………………………… 70

3.5　污泥脱水工艺比较分析 ……………………………… 71

3.5.1　带式脱水机 …………………………………… 71

3.5.2　板框脱水机 …………………………………… 75

3.5.3　离心脱水机 …………………………………… 77

3.5.4　叠螺脱水机 …………………………………… 80

3.5.5　螺压脱水机 …………………………………… 82

3.6　污泥处理与资源化处理现状 ………………………… 84

3.6.1　我国污泥处理与利用现状 …………………… 84

3.6.2　国外污泥处理与利用现状 …………………… 86

4　剩余污泥资源利用 ……………………………………………… 89

4.1　剩余污泥制砖 …………………………………………………… 89

4.1.1　污泥制砖方法 ………………………………………………… 89

4.1.2　技术特点和技术路线 ………………………………………… 89

4.1.3　烧结砖瓦存在的问题 ………………………………………… 90

4.2　污泥制水泥 ……………………………………………………… 91

4.2.1　原料与燃料成分分析 ………………………………………… 91

4.2.2　工艺流程 ………………………………………………………… 91

4.2.3　市政污泥作为水泥窑低碳能源的生产应用 ……………… 92

4.2.4　污泥异臭处理与清洁化生产的应用 ………………………… 92

4.2.5　解决的技术难题 ……………………………………………… 93

4.3　污泥在人工湿地中应用 ………………………………………… 94

4.3.1　污泥生物炭强化人工湿地处理生活污水性能研究 ……… 94

4.3.2　铝污泥填料人工湿地组合工艺处理 ………………………… 95

4.3.3　人工湿地处理污泥渗滤液氨氮 ……………………………… 96

4.4　污泥的肥料应用 ………………………………………………… 98

4.4.1　污泥的农田施用试验 ………………………………………… 98

4.4.2　沼液净化沉淀污泥制备颗粒肥料 ………………………… 100

4.4.3　污泥作为肥料的基本条件 …………………………………… 101

5　污泥超声波处理技术 ………………………………………… 105

5.1　超声波处理污泥原理 …………………………………………… 105

5.1.1　超声波基本特性 ……………………………………………… 105

5.1.2　超声波分解污泥机理的初步分析 ………………………… 105

5.1.3　超声波的优势 ………………………………………………… 106

5.2　超声波处理污泥影响因素 ……………………………………… 109

5.2.1　不同因素对污泥分解程度的影响 ………………………… 109

5.2.2　超声波对污泥絮体尺寸的影响 …………………………… 109

5.2.3　超声波对不同细菌的影响 …………………………………… 110

5.2.4　超声波分解污泥引起温度上升的现象 …………………… 110

5.3　超声波辐射活性污泥实验案例 ················· 111

　5.3.1　超声波辐射活性污泥处理高浓度污水 ········· 111

　5.3.2　厌氧污泥脱水 ·························· 112

5.4　超声波处理污泥技术存在的问题 ·············· 114

6　污泥处理过程恶臭控制 ························· 116

6.1　恶臭种类和来源 ························· 116

　6.1.1　恶臭的种类 ·························· 116

　6.1.2　污泥恶臭物质的来源 ··················· 118

6.2　不同处理处置方式下污泥的恶臭污染特征与产生机制 ······· 119

　6.2.1　污泥浓缩与脱水过程 ··················· 119

　6.2.2　污泥厌氧消化过程 ····················· 120

　6.2.3　污泥好氧消化过程 ····················· 122

　6.2.4　污泥堆肥过程 ························ 122

　6.2.5　污泥干化过程 ························ 124

　6.2.6　污泥焚烧处置过程 ····················· 125

　6.2.7　污泥填埋过程 ························ 125

　6.2.8　其他处置过程 ························ 125

6.3　恶臭控制措施 ··························· 126

　6.3.1　源头减量 ··························· 127

　6.3.2　过程控制 ··························· 128

　6.3.3　末端处理 ··························· 129

　6.3.4　排放管理 ··························· 132

6.4　污泥恶臭控制实例 ························ 132

　6.4.1　污泥干化焚烧处理厂臭气防控 ·············· 132

　6.4.2　污泥热水解处理产生的恶臭污染物治理 ········· 135

　6.4.3　城镇污泥脱水过程伴生恶臭控制 ············· 137

7　污泥的热处理技术 ··························· 142

7.1　污泥的干化技术 ························· 142

7.1.1　污泥干化技术原理 …………………………………………… 142

7.1.2　干化技术及干化设备 ………………………………………… 143

7.1.3　污泥干化的安全性 …………………………………………… 155

7.1.4　提高污泥干化安全性的主要措施 …………………………… 156

7.1.5　污泥干化中的问题及解决办法 ……………………………… 157

7.1.6　污泥干化设备的分类 ………………………………………… 158

7.2　污泥的焚烧技术 ……………………………………………………… 159

7.2.1　基本原理 ……………………………………………………… 159

7.2.2　污泥焚烧存在的问题 ………………………………………… 163

7.2.3　污泥焚烧工艺的主要影响因素 ……………………………… 164

7.2.4　污泥焚烧污染物控制的研究现状 …………………………… 165

7.2.5　典型污泥焚烧工艺设备 ……………………………………… 166

7.3　湿式氧化 ……………………………………………………………… 171

7.3.1　湿式氧化法原理 ……………………………………………… 171

7.3.2　湿式氧化主要影响因素 ……………………………………… 172

7.3.3　湿式氧化工艺 ………………………………………………… 174

7.3.4　湿式氧化应用特性 …………………………………………… 175

8　污泥热解气 ………………………………………………………………… 178

8.1　技术核心与原理 ……………………………………………………… 179

8.2　工艺流程 ……………………………………………………………… 179

8.3　热解气化优势 ………………………………………………………… 180

8.4　污泥热解气化与其他处理技术的差异 ……………………………… 180

8.5　影响因素 ……………………………………………………………… 181

9　污泥制油 …………………………………………………………………… 183

9.1　污泥低温热解技术 …………………………………………………… 183

9.1.1　污泥低温热解 ………………………………………………… 183

9.1.2　工艺操作条件对污泥热解的影响 …………………………… 183

9.2　污泥直接液化技术 ································· 184

9.2.1　热液化制备生物油技术及热解机理 ··········· 184

9.2.2　影响污泥热化学液化生物产油率的主要因素 ········· 186

9.2.3　结论与展望 ····························· 190

参考文献 ····························· 191

1 城市污水厂污泥来源与组成

1.1 城市污水厂污泥来源与分类

随着城市化建设进度的加快和经济生活水平的提升，我国城镇污水排放量也逐年增长。据住房和城乡建设部统计数据，2020 年，我国城市污水年处理总量达 5.6×10^6 万吨。污泥是以污水生物法处理为主的污水处理主要副产物，研究表明，污水厂每处理 1 万吨污水产生 5～10 t 含水率为 80% 的污泥。美国产生废水约为 1.29×10^9 m^3/d，每年产生 650 万吨污泥固体。截至 2019 年年底，我国城镇污泥产量达到近 6000 万吨（含水率约为 80%）。污泥具有产量大、含水率高、易腐败、恶臭等特点，富集了污水中 50% 以上污染物，包括各种重金属、微量的高毒性有机物、大量致病微生物等，对生态环境造成了巨大威胁，如不妥善处理，将造成水环境、土壤的破坏，甚至威胁人类饮用水和食品安全。污水处理过程"重水轻泥"，在发展污水处理能力的同时，没有同步提升污泥处理能力，导致污泥处理能力的提升远低于污泥产生量的增加，逐渐成为我国城镇污染控制领域的主要环境问题。

1.1.1 城市污水厂污泥来源

城市污水厂的污泥主要来源于两个方面。

（1）污水处理过程中产生的固体沉淀物质。

（2）污水中的有机废物、脂肪、蛋白质等有机物质。这些有机物质是微生物生长繁殖的主要营养来源。

污泥的组成成分可以分为三个方面：有机物质、无机物质和微生物。有机物质主要包括污水中的有机废物、脂肪、蛋白质等。无机物质主要包括废水中的无机盐、金属离子、矿物质等，这些物质大多来自污水中的溶解物质和悬浮物质，以及处理过程中的药剂添加。微生物则是污泥中的重要组成部分，包括细菌、真菌、病毒等，它们通过降解有机物质、促进污泥的稳定和改善污泥的特性。

因此，城市污水厂的污泥是一种极其复杂的非均质体，其特性是含水率高（可高达99%以上），有机物含量高，容易腐化发臭，并且颗粒较细，密度较小，呈胶状液态。这些特性使得污泥难以通过沉降进行固液分离。

城市污水厂污泥按照处理对象可分为以下几个方面。

（1）生活污水：这是城市污水的主要组成部分，来自居民生活的污水，包括厨房、卫生间、洗衣机等排出的污水，含有大量的有机物、油脂、细菌、病毒等。

（2）雨水：来自降雨的污水，包括屋顶、道路、绿化等表面径流，含有大量的泥沙、尘埃、垃圾等。雨水在城市地表流动时，会冲刷和带走各种杂物和污染物，造成城市径流污染。

（3）工业废水：来自工业生产的污水，包括化工、冶金、制药、造纸等行业排出的污水，含有大量的重金属、有毒有害物质等。工业废水是城市污水中最难处理的一部分，因为其成分复杂多变，对环境和人体健康造成严重威胁。

（4）污水处理过程也会产生污泥：主要是在污水处理过程中产生的固体沉淀物质。

以上就是城市污水厂污泥的主要来源，不同来源的污泥成分和性质也有所不同，对它们的处理和处置方式也需要根据其特性和实际情况来确定。

除了生活污水、雨水、工业废水和污泥处理过程产生的污泥外，城市污水厂污泥还可以来源于以下几个方面。

（1）市政污泥：主要指来自污水厂的污泥，这是数量最大的一类污泥。此外，自来水厂的污泥也来自市政设施，可以归入这一类。

（2）管网污泥：来自排水收集系统的污泥。

（3）河湖淤泥：来自江河、湖泊的淤泥。

（4）工业污泥：来自各种工业生产所产生的固体与水、油、化学污染、有机质的混合物。

在非特指环境下，污泥一般指市政排水污泥。这些来源的污泥性质和成分各不相同，对它们的处理和处置方式也需要根据实际情况来确定。

1.1.2 城市污水厂污泥分类

城市污水厂的污泥可以根据其来源和性质分为以下几类。

（1）栅渣：污水中的固体物质，如毛发、皮脂、纸屑、纤维等，在污水进入处理设施前，通过格栅、滤网等设备被截留下来形成的污泥。

（2）沉砂池沉渣：污水在沉砂池中沉淀后，底部形成的沉淀物，主要成分为无机颗粒，如沙子、石子等。

（3）浮渣：污水在处理设施中产生的泡沫、浮膜等漂浮物，以及在二级处理中通过生物反应后产生的浮渣。

（4）初沉池污泥：污水在进入二级处理设施前，通过初沉池进行沉淀后形成的污泥，含有大量的有机物质和病原体。

（5）二沉池剩余活性污泥：污水二级处理设施中，生物反应后产生的剩余活性污泥，含有大量的微生物体和有机物质。

此外，根据污泥的处置方式，还可以将其分为干化污泥、浓缩污泥、消化污泥等。不同类型的污泥在处理和处置方式上也有所不同。

1.2 城市污水厂污泥产生量

1.2.1 城市污水厂的污泥产生量影响因素

城市污水厂的污泥产生量会因多个因素而异，包括污水收集范围、污水处理量、污水中的有机物含量、处理工艺等。

一般来说，大型城市的污水处理厂每处理 1 t 污水，其污泥产生量为 0.2 ~ 0.5 t。这个数值仅供参考，实际污泥产生量会因具体情况而有所不同。

为了减少污泥的产生量，可以采取一些措施，例如优化污水处理工艺、加强污水源头控制、提高污水收集率等。此外，对污泥进行合理有效的处理和处置，如堆肥、焚烧、填埋等，也可以减少污泥的产生量和其对环境的影响。

1.2.2 城市污泥产生量与影响因素

1.2.2.1 城市污水厂污泥产生量与影响因素

A 影响城市污泥产生量的因素

城市污水厂污泥的产生主要受城市污水水质、污水处理工艺的各个工艺环节运行情况的影响。同一水质不同的处理工艺，其污泥产生量差异很大。根据城市污水处理长年运行经验与数据统计：（1）城市污水水质与部分操作工艺条件对污泥产生量的影响，参见表1-1；（2）污水处理工艺与污泥产生量的关系见表1-2；（3）不同污水处理工艺的污泥浓度（含固率）的关系见表1-3。

表1-1　污水处理过程中污泥的产生及其影响因素

污泥（包括固体）	污泥产生及其影响因素
栅渣	包括粒径足以在格栅上去除的各种有机或无机物料，有机物料的数量在不同的污水处理厂和不同的季节有所不同，栅渣量为 3.5～80 cm^3/m^3，平均约为 20 cm^3/m^3，主要受污水水质影响
无机固体颗粒	无机固体颗粒的量约为 30 cm^3/m^3，这些固体颗粒中也可能含有有机物，特别是油脂，其数量的多少取决于沉砂池的设计和运行情况
浮渣	浮渣主要来自初次沉淀池和二次沉淀池。浮渣中的成分较复杂，一般可能含有油脂、植物和可矿物油、动物脂肪、菜叶、毛发、纸和棉织品、橡胶避孕用品、烟头等，浮渣的数量约为 8 g/m^3
初次污泥	由初次沉淀池排出的污泥通常为灰色糊状物，其成分取决于原污水的成分，产量取决于污水水质与初沉池的运行情况，干污泥量与进水中的 SS 和沉淀效率有关，湿污泥量除与 SS 和沉淀效率有关外，还直接决定于排泥浓度
化学沉淀污泥	系指混凝沉淀工艺中形成的污泥，其性质取决于采用的混凝剂种类，数量则由原污水中的悬浮物量和投加的药剂量决定
二次沉淀污泥	传统活性污泥工艺等生物处理系统中排放的剩余污泥，其中含有生物体和化学药剂，产生量取决于污水处理所采用的生化处理工艺（见表1-2）和排泥浓度（见表1-3）

表1-2　不同处理工艺的污泥产生量（干污泥/污水）　　　　　（g/m^3）

处理工艺	产生量范围	典型值
初次沉淀	110～170	150
活性污泥法	70～100	85
深度曝气	80～120	100
氧化塘	80～120	100
过滤	10～25	20
化学除磷：低剂量石灰（350～500 mg/L）　　　高剂量石灰（800～1600 mg/L）	240～400　　600～1350	300　800
反硝化	10～30	20

表1-3　不同处理工艺的排泥浓度（含固率）　　　　　　（%）

处　理　工　艺	浓度范围	典型值
初次沉淀池		
初沉污泥	4.0 ~ 10.0	5.0
初沉污泥和剩余活性污泥	3.0 ~ 8.0	4.0
初沉污泥和腐殖污泥	4.0 ~ 10.0	5.0
初沉污泥和加铁除磷污泥	0.5 ~ 3.0	2.0
初沉污泥和加低量石灰除磷污泥	2.0 ~ 8.0	4.0
初沉污泥和加高量石灰除磷污泥	4.0 ~ 16.0	10.0
二次沉淀池		
活性污泥法		
设初沉池	0.5 ~ 1.5	0.8
未设初沉池	0.8 ~ 2.5	1.3
纯氧活性污泥法		
设初沉池	1.3 ~ 3.0	2.0
未设初沉池	1.4 ~ 4.0	2.5
生物膜法	1.0 ~ 3.0	1.5
接触氧化法	1.0 ~ 3.0	1.5
重力浓缩池		
初沉污泥	5.0 ~ 10.0	8.0
初沉污泥和剩余活性污泥	2.0 ~ 8.0	4.0
初沉污泥和腐殖污泥	4.0 ~ 9.0	5.0
气浮浓缩池		
剩余活性污泥		
加入化学药剂	4.0 ~ 6.0	5.0
未加化学药剂	3.0 ~ 5.0	4.0
离心浓缩		
剩余活性污泥	4.0 ~ 8.0	5.0

处 理 工 艺	浓度范围	典型值
重力带式浓缩		
加药剩余活性污泥	3.0~6.0	5.0
厌氧消化		
初沉污泥	5.0~10.0	7.0
初沉污泥和剩余活性污泥	2.5~7.0	3.5
初沉污泥和腐殖污泥	3.0~8.0	4.0
好氧消化		
初沉污泥	2.5~7.0	3.5
初沉污泥和剩余活性污泥	1.5~4.0	2.5
剩余活性污泥	0.8~2.5	1.3

B　城市污水厂污泥产生量

（1）污水处理厂的栅渣、无机固体颗粒和浮渣量，可参考表 1-3 中相关栏目进行估算。

（2）初沉污泥体积量 V_1。

$$V_1 = \frac{100C\eta Q}{10^3(100 - P_1)\rho} \quad (\text{m}^3/\text{d}) \tag{1-1}$$

式中　Q——污水流量，取污水厂的平均日流量，m^3/d；

　　　C——进入初沉池污水中悬浮物浓度，kg/m^3；

　　　η——初沉池沉淀效率，%，城市污水厂一般取 50%；

　　　P_1——污泥含水率，%，一般取 95%~97%；

　　　ρ——初沉池污泥密度（以 1000 kg/m^3 计），kg/m^3。

或者按式（1-2）计算：

$$V_1 = \frac{S_L N t}{1000} \quad (\text{m}^3/\text{d}) \tag{1-2}$$

式中　S_L——每人每日污泥量［按每人每日计产生的初沉污泥量为 14~27 g，初沉污泥含水率以 95%~97% 计，则每人每日产生初沉污泥量一般采用 0.3~0.8 L/(人·d)］，L/(人·d)；

N——设计人口数（可采用城市人口数或污水处理厂设计当量人口数），人；

t——初沉池两次排泥的间隔时间，d。

但应注意 V_1 是计算公式中所取定含水率为 P_1 时的污泥量。

（3）剩余污泥体积量 V_2。

1）剩余污泥干质量 ΔX_T。每日排除剩余污泥干重 ΔX_T（kg/d）等于活性污泥系统中每日产生的活性污泥干质量。

$$\Delta X_T = \frac{\Delta X}{f} = \frac{aQL_R - bX_V V}{f} \quad (\text{kg/d}) \tag{1-3}$$

式中　ΔX——挥发性物质基污水厂剩余污泥流量，kg/d；

　　　Q——平均体积流量，m^3/d；

　a，b——污泥产率系数和污泥自身氧化率，以生活污水为主的城市污水，a 一般为 $0.5 \sim 0.6$，b 为 $0.06 \sim 0.1/\text{d}$；

　　　L_R——曝气池进出水 BOD_5 浓度差，kg/m^3；

　　　X_V——曝气池混合液挥发性悬浮固体浓度，kg/m^3；

　　　V——曝气池容积，m^3；

　　　f——曝气池挥发性悬浮固体和悬浮固体浓度之比。

$$f = \frac{MLVSS}{MLSS} \quad （\text{城市污水一般取} f \text{为} 0.75）$$

2）剩余污泥量 V_2。

$$V_2 = \frac{\Delta X_T}{(1-P) \times 1000} \quad (\text{m}^3/\text{d}) \tag{1-4}$$

式中　P——剩余污泥含水率，取 $96\% \sim 99.2\%$。

（4）浓缩剩余污泥体积流量 V_3。

$$V_3 = V_2 \frac{1-P}{1-P_1} \quad (\text{m}^3/\text{d}) \tag{1-5}$$

式中　V_2——浓缩前的污泥量，m^3/d；

　P，P_1——浓缩前、后的污泥含水率，可分别取 99.2% 和 96%。

城市污水厂污泥的产生量也常按单位污水处理量的污泥固体产率（$10^{-4}\ \text{t/m}^3$）来核算，表 1-4 是沈阳市市政工程设计研究院对我国 24 座运行中的城市污水处理厂污泥产生状况的调研结果。

表 1-4　我国城市污水处理厂的污泥产生状况（1993 年）

序号	厂　名	进　水			污　泥		
		水量 /$m^3 \cdot d^{-1}$	BOD /$mg \cdot L^{-1}$	COD /$mg \cdot L^{-1}$	产泥量 /$m^3 \cdot a^{-1}$	污泥含水率 /%	污泥产率 /$kg \cdot m^{-3}$
1	北京市高碑店处理厂	43×10^4	100	260	73000	67	0.15
2	天津市纪庄子处理厂	26×10^4	140	280	400000	97	0.13
3	广州市大坦沙处理厂	15×10^4	66～80	120～150	18000	75～80	0.07
4	广州市从化水质净化厂	0.6×10^4	100	200	410	69	0.06
5	西安市污水处理厂	7.1×10^4	260	490	52000	95	0.10
6	杭州市四堡污水处理厂	23×10^4	200	550	15000	63	0.07
7	无锡市芦村污水处理厂	5×10^4	190	320	19000	73	0.28
8	苏州市城东污水处理厂	2×10^4	53	24	7600	92	0.08
9	秦皇岛市海港东部处理厂	3.5×10^4	65	190	230000	100	0.05
10	成都市污水处理厂	5×10^4	200	260	3600	70	0.06
11	兰州市七里河处理厂	2.6×10^4	220	508	12	97	—
12	唐山市西部污水处理厂	3.6×10^4	280	480	11680	70	0.27
13	广州市科学城水质净化厂	0.5×10^4	200	250	733	70	0.12
14	厦门市污水处理厂	6×10^4	150～250	300～350	5000	60	0.09
15	天津市东部处理厂	40×10^4	280	—	900000	97	0.20
16	邯郸市东污水处理厂	6.6×10^4	100	220	1500	80	0.01
17	唐山市新区污水处理厂	5.5×10^4	440	1000	13140	80	0.13
18	鞍山市丰盛污水处理厂	36×10^4	200	370	2000	97	—
19	南京市锁金村处理厂	0.5×10^4	190	350	37000	98	0.30
20	上海市松江污水处理厂	$(1.8～2.0) \times 10^4$	200～250	400～600	14600	96	0.07
21	上海市周浦水质净化厂	0.7×10^4	150	350	200	63	0.03
22	大连市开发区水质净化厂	3×10^4	200～350	500～1000	63000	98～99	0.09
23	黄石市污水净化厂	2×10^4	200	300	32740	75	—
24	山东淄博市污水处理厂	14×10^4	225	600	230000	99	0.03

对于以生活污水为主或工业废水较少的城市污水，污泥产生量可按每人（当量人口）每天的污泥产量（固体物量）计算。表1-5是欧美生活污水污泥产量情况一览表。

表1-5　欧美生活污水经机械处理和生物处理污泥产量

序号	污泥来源和类型	平均固体物产量 /g·(人·d)⁻¹	平均有机固体物产量 /g·(人·d)⁻¹	平均含固率 /%	平均含水率 /%	平均污泥产量 /L·(人·d)⁻¹
1	原污泥					
(1)	来自机械处理					
1)	初次沉淀池原污泥	45	29～32	2.5	97.5	1.80
2)	浓缩后初次沉淀池污泥	45	29～32	5.0	95	0.90
(2)	来自生物处理					
1)	采用生物滤池					
①	来自二次沉淀池	25	11～14	4.0	96	0.63
②	初次沉淀池污泥和二次沉淀池污泥	70	40～46	4.7	95.3	1.50
2)	采用活性污泥法					
①	来自二次沉淀池	35	22～25	0.7	99.3	5.00
②	初次沉淀池污泥和二次沉淀池污泥	80	51～56	4.0	96.0	2.00
(3)	采用化学除磷					
1)	前沉淀（来自初次沉淀池并浓缩后）	65	34～39	4.0	96.0	1.60
2)	同步沉淀（采用活性污泥法工艺，初次沉淀池和二次沉淀池混合污泥，浓缩后）	90	52～58	4.0	96.0	2.25
3)	后沉淀（来自三级处理构筑物）	15	3～4	1.5	98.5	1.00
2	污泥完全好氧稳定（采用活性污泥法工艺，来自初次沉淀池和二次沉淀池污泥，浓缩后）	50	21～26	2.5	87.5	2.00
3	消化污泥（完全生物厌氧稳定）					
(1)	来自初次沉淀池污泥	30	12～15	3.33	96.67	0.90
(2)	来自初次沉淀池污泥，浓缩后	30	13～15	10.0	90.0	0.30

序号	污泥来源和类型	平均固体物产量 /g·(人·d)⁻¹	平均有机固体物产量 /g·(人·d)⁻¹	平均含固率 /%	平均含水率 /%	平均污泥产量 /L·(人·d)⁻¹
(3)	来自机械处理和生物处理					
1)	采用生物滤池工艺	45	19~23	3.0	97.0	1.50
2)	采用活性污泥法工艺	50	21~26	2.5	97.5	2.00
(4)	采用化学除磷					
1)	前沉淀（来自初次沉淀池，浓缩后）	45	14~19	5.0	95.0	0.90
2)	同步沉淀（浓缩后混合污泥）	60	22~28	3.0	97.0	2.00
4	机械脱水（来自机械处理和生物处理段污泥完全生物稳定）					
(1)	采用生物滤池、完全厌氧稳定工艺	45	15~21	28.0	72.0	0.16
(2)	采用活性污泥法工艺					
1)	厌氧完全稳定	50	21~26	22.0	78.0	0.23
2)	好氧完全稳定	50	21~26	20.0	80.0	0.25

注：1. 资料来源于德国污水技术联合会手册《污泥处理》；

　　2. 初次沉淀池停留时间按≥1.5 h 计；

　　3. 生物处理系统进水 $BOD_5 = 40$ g/(人·d)，当有生物除氮时表中相应数字减少 15%~20%。

1.2.2.2　城市排水管（沟）道污泥产生量与影响因素

A　影响城市排水管（沟）道污泥的因素

城市排水管道（沟）污泥的产生量主要受两个因素的影响：一是"源"的因素，即进入排水管（沟）道内，具有可能沉积的物质的量；二是"沉"的因素，即在排水管（沟）道内的沉积条件。

源的因素主要是接入管系的排水量和其水质，进入排水管系的水量通常是由排水管系的服务区域和服务人口数量来决定的，而单位区域面积产生的径流量与当地的气候条件有关，人均的污水排放量则与社会经济状况有关。排水水质中与沟道沉积物产生关系最为密切的是颗粒物的浓度，雨水径流的颗粒物浓度与用地类型（径流下垫面状况）和地面保洁条件等有关；城市污水的颗粒物浓度则与当地居民的生活习俗和污水中的工业废水的种类、数量有关。排水水质中另一项与沉积物源相关的指标是有机物浓度，有机物既是可能经沟道内生化过程转化为沉积物的沟道污泥源，也具有促进沟道内生物生长，形成沟道内更有利和稳定的沉积条件的作用。

沉积条件方面，对排水管道内颗粒物沉降过程影响最大的沉积条件因素是流速。一般而言，管道内流速越大，越不利于沉积物的形成，但不同类型管道的沉积物组成与水流变化条件不同，因此流速对管道污泥产生的影响也因排水管道类型而异。分流制污水管道的沉积物中的有机物比例高，易受水流影响，但此类管道的水流速度主要由水力设计条件定，运行中的变化幅度较小；分流制雨水管道的流速变化幅度大，但沉积物多为无机物，雨天期流速升幅很大，因此沉积物在晴天期与雨天期会产生明显的差异。管道污泥的另外两个沉积条件影响因素是集水构造和污泥清理周期，集水构造指的是汇水口是否设格栅和沉降箱，有此构造则可对排水中的沉降性物质进入排水管道起一定的拦截作用，减少管道内污泥的沉积量。一般地，管道污泥清理周期短，管道的水力条件利于沉积物的悬浮流出，但清理周期短会使更多的沉积物通过清理而转化为通沟污泥。

B 城市排水管（沟）道污泥产生量

关于城市排水管（沟）道污泥产生量数据，国内研究与统计极少。目前有资料报道 20 世纪 80 年代后期，上海市每年市政部门养护的排水沟道约产生 5 万吨污泥，平均每年清捞污泥约 130 t，这些污泥通过市区 11 个码头运往江苏太仓、昆山等地农村。表1-6 是具体运出的统计数据。

表1-6 上海部分地区排水沟道产泥量

区属	地　址	吞吐量/t	
		1987 年	1988 年
闸北	北苏州路（华盛路口）	3100	2200
杨浦	兰州路口（惠民路口）	6300	3300
虹口	胡家木桥路（通州路南）	6500	4200
普陀	光复西路（光新路口）	2900	2900
普陀	光复西路（武宁路口）	1900	1300
静安	叶家宅路（武宁路桥口）	2700	1300

区属	地　　址	吞吐量/t	
		1987 年	1988 年
长宁	万航渡路（凯旋路口）	4400	3400
卢湾	日晖东路（龙华路南）	1500	4500
南市	外马路（董家渡轮站）	8800	5600
黄浦	南苏州路（新闸桥口）	4600	2400
浦东	张家浜水闸西侧	1600	900
合　　计		43000	32000

表1-6 中所示的排水沟道污泥量主要来自该市的雨水管道和污水排水支管清通养护，不包括分流制的污水干管和合流制排水干管中的清理污泥量。

据我国台湾地区统计，台北市 2000 年排水沟道污泥产量为 10 万吨（含水量为 10% ~ 20%），2010 年台北市排水沟道污泥量达到 30 万吨。北京市 2000 年排水沟道污泥产量为 20 万吨，2010 年达到 50 万吨。法国每年的排水沟道污泥量为 350000 ~ 600000 m³ ［以人口计相当于 16 ~ 20 L/（人·a）］。

随着社会经济的发展，城市建成区面积的扩大，城市基础设施（排水管道服务面积增加）的完善，尤其是城市污水接管率的提高，排水沟道污泥绝对量将继续增长，沟道污泥的处理、处置问题会日益突出。

1.3　城市污水厂污泥成分与特性

污水污泥的来源和形成过程十分复杂，不同来源的污泥，其物理、化学和微生物学特性存在差异，正确地了解污泥的各种性质是选择合适的污泥处理方法和处理工艺的基础。

1.3.1　污泥物理性质

1.3.1.1　污泥含水（固）率

污泥的含水率一般都很大，相对密度接近于 1。可采用如下公式计算：

$$P_W = \frac{W}{W+S} \times 100\% \tag{1-6}$$

式中 P_W——污泥含水率,%;

   W——污泥中水分量,g;

   S——污泥中总固体质量,g。

污泥的含固率可用如下公式计算:

$$P_S = \frac{W}{W+S} \times 100\% = 100 - P_W \tag{1-7}$$

式中 P_S——污泥含固率,%;

   W——污泥中水分量,g;

   S——污泥中总固体质量,g。

一些污泥的含水率见表1-7。

表1-7 代表性污泥的含水率

名　　称	含水率/%	名　　称	含水率/%
栅渣	80	浮渣	95~97
沉渣	60	生物滴滤池污泥	
腐殖污泥	96~98	慢速滤池	93
初次沉淀污泥	95~97	快速滤池	97
混凝污泥	93	厌氧消化污泥	
活性污泥		初次沉淀污泥	85~90
空气曝气	98~99	活性污泥	90~94
纯氧曝气	96~98		

1.3.1.2　污泥密度

(1)污泥相对密度。污泥的密度是指单位体积污泥的质量,其数值通常以污泥相对密度,即污泥质量与同体积水的质量之比来表示。污泥相对密度的计算公式为:

$$\gamma = \frac{100\gamma_s}{P_W \gamma_s + (100 - P_W)} \tag{1-8}$$

式中　γ——污泥相对密度；

$\quad$ P_W——污泥含水率，%；

$\quad$ γ_s——污泥干固体相对密度。

（2）污泥干固体相对密度。污泥干固体包含有机物和无机物。污泥干固体相对密度与其中的有机物和无机物比例有关，这两者的比例不同，则污泥干固体相对密度也不同。若以 p_V、γ_V 分别表示污泥干固体中挥发性固体（有机物）所占比例和相对密度，以 γ_f 表示灰分（无机物）的相对密度，污泥干固体相对密度可用如下公式表示：

$$\frac{100}{\gamma_s} = \frac{p_V}{\gamma_V} + \frac{100 - p_V}{\gamma_f}$$

$$\gamma_s = \frac{100\gamma_s}{100\gamma_V + p_V(\gamma_f - \gamma_V)} \tag{1-9}$$

1.3.1.3　污泥体积

污泥的体积为污泥中水的体积与固体体积两者之和，即：

$$V = \frac{W}{\rho_W} + \frac{S}{\rho_s} \tag{1-10}$$

式中　V——污泥体积，cm^3；

$\quad$ S——污泥中总固体质量，g；

$\quad$ W——污泥中水分质量，g；

$\quad$ ρ_W——污泥中水的密度，g/cm^3；

$\quad$ ρ_s——污泥中干固体密度，g/cm^3。

1.3.1.4　污泥脱水性能

污泥比阻（r）常用来衡量污泥的脱水性能，它反映了水分通过污泥颗粒所形成的泥饼时，所受阻力的大小。其物理意义是：单位质量的污泥在一定压力下过滤时，单位过滤面积上的阻力即单位过滤面积上滤饼单位干重所具有的阻力，单位为 m/kg。

污泥比阻公式是从过滤基本方程式，著名的卡门（Carman）公式得出的。

表1-8 是不同污泥的比阻和压缩系数。

表 1-8　不同污泥的比阻和压缩系数

污泥类型	比阻/m·kg⁻¹	压缩系数	备　　注
初沉污泥	4.7×10^{12}	0.54	
消化污泥	$(13 \sim 14) \times 10^{12}$	$0.64 \sim 0.74$	
活性污泥	29×10^{12}	0.81	均属生活污水污泥
调节的初沉污泥	0.031×10^{12}	1.0	
调节的消化污泥	0.1×10^{12}	1.2	

1.3.1.5　污泥传输性

液体污泥的物理性质与水极为相近，很容易通过离心沉淀、皮碗泵、谐振器、膜式泵、活塞和其他类型的传送方式输送。

液体污泥（大约为6%的总固体）通常是牛顿流体，即在层流状态下，压力的减少与速度和黏度成比例。液体在极限速度时（一般为 $1.2 \sim 2.0$ m/s），流态会变成紊流。污泥从层流过渡到紊流取决于雷诺数，雷诺数与液体黏度成反比例。对污泥来说，流态发生改变时的雷诺数不是固定的。在抽送液体污泥时，其压力下降比抽送水大25%。在紊流状态时，其损失可能是水的 $2 \sim 4$ 倍。

浓缩污泥是牛顿流体，其随着固体含量的增加还会变成塑性流体。这就意味着污泥的压力损失不与污泥的流动成比例，而且污泥的黏性也不是一个恒定值。层流和紊流状态下压力损失的测定需要一些特殊操作方法。

浓缩污泥（特别是脱水污泥）通常更难运输、计量和储存，因此，对污泥泵、运输工具和储存位置的选择要非常重视。

污泥输送管线的管径一般都不小于150 mm。污泥在输送管内经常发生沉积，应在管内安装管道清淘装置。

动力传送带、新进的无轴螺杆传送带、特殊的容积式真空泵和活塞泵已开始用于输送脱水污泥，封闭式传送带和输送泵在含臭味的污泥输送过程中有非常明显的优越性。

1.3.1.6　污泥储存性

为适应污泥产生率的变化，应充分考虑污泥储存和污泥处理设备不工作时（周末或停产时等）的堆放问题。

短时间的液体污泥储存可以在沉淀和浓缩池内完成，长时间的污泥储存需要在好氧和厌氧消化池内完成，特别是要储存在隔离储存池或地下储存池内。隔离储存池的储存能力通常是几小时至几天的污泥储备量，而地下污泥池可以储存几年的液体污泥。一些化学防腐剂，如氯气、石灰、氢氧化钠和过氧化氢等已被用于防止污泥变质，但效果并不十分明显。当脱水污泥储存在隔离储泥池、地下污泥池和储料堆时，会发生一些其他问题，其中最大问题是如何选择正确的污泥输送方式和输送设备，使污泥在没有其他材料介入或混合，以及不均匀排泄的情况下，将污泥从储泥池中分离出来。通常，采用螺杆输送器和各种类型的"活底"储备库的应用取得了不同程度的成功。

1.3.1.7　污泥燃料热值

污泥中含有有机物质，因此污泥具有燃料价值。由于污泥的含水率因生产与处理状态不同有较大差异，故其热值一般均以干基（d）或干燥无灰基（daf）形式给出。表1-9是各类污泥的燃烧热值。污水污泥的物理特性见表1-10。

表1-9　各类污泥的燃烧热值

污　泥　种　类	燃烧热值（以干泥计）/kJ·kg⁻¹	
初次沉淀污泥	生污泥	15000~18000
	消化污泥	7200
初次沉淀污泥与腐殖污泥	生污泥	14000
	消化污泥	6700~8100
初次沉淀污泥与活性污泥混合	生污泥	17000
	消化污泥	7400
生污泥		14900~15200

表1-10　污水污泥的物理特性

污泥（包括固体）	特　　性
栅渣	含水量一般为80%，容重约为0.96 t/m³
无机固体颗粒	密度较大，沉降速度较快。也可能含有有机物，特别是油脂，其数量的多少取决于沉砂池的设计和运行情况。含水率一般为60%，容重约为1.5 t/m³

污泥（包括固体）	特 性
浮渣	成分复杂，可能含有油脂、植物和矿物油、动物脂肪、菜叶，毛发，纸和棉织品，烟头等。容重一般为 0.95 t/m³ 左右
初沉污泥	通常为灰色糊状物，多数情况下有难闻的气味，如果沉淀池运行良好，则初沉污泥很容易消化。初沉污泥的含水率为 92%～98%，典型值为 95%，污泥固体密度为 1.4 t/m³，污泥容重为 1.02 t/m³
化学沉淀污泥	一般颜色较深，如果污泥中含有大量的铁，也可能呈红色，化学沉淀污泥的臭味比普通的初沉污泥要轻
活性污泥	褐色的絮状物，颜色较深表明污泥可能近于腐殖化；颜色较淡表明可能曝气不足。在设施运行良好的条件下，没有特别的气味，活性污泥很容易消化，含水率一般为 99%～99.5%，固体密度为 1.35～1.45 t/m³，容重为 1.005 t/m³
生物滤池污泥	带有褐色。新鲜的污泥没有令人讨厌的气味，能够迅速消化，含水率为 97%～99%，典型值为 98.5%。污泥固体密度为 1.45 t/m³，污泥容重为 1.025 t/m³
好氧消化污泥	褐色至深褐色，外观为絮状，常有陈腐的气味，易脱水，污泥含水率当为剩余活性污泥时为 97.5%～99.25%，典型值为 98.75%；当为初沉污泥时为 93%～97.5%，典型值为 96.5%；当为初沉污泥和剩余活性污泥的混合污泥时为 96%～98.5%，典型值为 97.5%
厌氧消化污泥	深褐色至黑色，并含有大量的气体。当消化良好时，其气味较轻。污泥含水率当为初沉污泥时为 90%～95%，典型值为 93%；当为初沉污泥和剩余活性污泥的混合污泥时为 93%～97.5%，典型值为 96.5%

1.3.2 污泥化学性质

1.3.2.1 污泥基本理化特性

城市污水处理厂污泥的基本理化成分见表 1-11。由表 1-11 可知，城市污水处理厂污泥是以有机物为主，有一定的反应活性，理化特性随处理状况的变化而变化。

表 1-11 城市污水处理厂污泥的基本理化成分

项 目	初次沉淀污泥	剩余活性污泥	厌氧消化污泥
pH 值	5.0～8.0	6.5～8.0	6.5～7.5
干固体总量/%	3～8	0.5～1.0	5.0～10.0
挥发性固体总量（以干重计）/%	60～90	60～80	30～60

项　　目	初次沉淀污泥	剩余活性污泥	厌氧消化污泥
固体颗粒密度/g·cm^{-3}	1.3~1.5	1.2~1.4	1.3~1.6
容重/g·cm^{-3}	1.02~1.03	1.0~1.005	1.03~1.04
BOD$_5$/VS	0.5~1.1	—	—
COD/VS	1.2~1.6	2.0~3.0	—
碱度(以 CaCO$_3$ 计)/mg·L^{-1}	500~1500	200~500	2500~3500

1.3.2.2　污泥化学构成

污泥的来源和处理方法很大程度上决定着它们的化学组成。污泥的化学构成包含：植物营养元素、无机营养物质、有机物质、微量营养物质和污染物质等。

(1) 植物营养元素。污泥中含有植物生长所必需的常量营养元素和微量营养元素，其中氮、磷和钾在污泥的资源化利用方面起着非常重要的作用。污泥所含有的植物营养元素的存在形式见表1-12，不同污泥含有的植物养分含量情况见表1-12。

表1-12　污泥中植物营养元素的存在形式

元素	符号	离子或分子	元素	符号	离子或分子
氮	N	NO_3^-、NH_4^+ (铵,硝酸盐)	镁	Mg	Mg^{2+}
钾	K	K^+	锰	Mn	Mn^{2+}
磷	P	$H_2PO_4^-$、HPO_4^{2-} (磷酸盐)	铜	Cu	Cu^{2+}
硫	S	SO_4^{2-} (硫酸盐)	锌	Zn	Zn^{2+}
钙	Ca	Ca^{2+}	钼	Mo	MoO_4^+ (钼酸盐)
铁	Fe	Fe^{2+}、Fe^{3+}	硼	B	H_3BO_3、$H_2BO_3^-$、$B(OH)_4^-$

(2) 无机营养物质。除了经石灰处理的污泥以外 (如石灰稳定处理)，污泥一般都含有少量的钙，污泥通常含有少量的镁 (0.3%~2%，干重)，0.6%~1.5%的硫，见表1-13。

表1-13 不同类型无机养分含量 (%)

污泥类型	总氮（TN）	磷（P_2O_5）	钾（K）	腐殖质	有机质	灰分
初沉污泥	2.0~3.4	1.0~3.0	0.1~0.3	33	30~60	50~75
剩余活性污泥	2.8~3.1	1.0~2.0	0.11~0.8	47	—	—
生物滤池污泥	3.5~7.2	3.3~5.0	0.2~0.4	41	60~70	30~40

（3）有机物质。污泥中的有机物质主要包含蛋白质、碳水化合物和脂肪，这些有机物是由长链分子构成，污泥中含有的有机物组成见表1-14。

表1-14 污泥中含有的有机物组成

有机物种类	初次沉淀污泥	二次沉淀污泥	厌氧消化污泥
有机物含量/%	60~90	60~80	—
纤维素含量（占干重）/%	8~15	5~10	60~70
半纤维素含量（占干重）/%	2~4	—	60~70
木质素含量（占干重）/%	3~7	—	—
油脂和脂肪含量（占干重）/%	6~35	5~12	5~20
蛋白质（占干重）/%	20~30	32~41	15~20
碳氮比	(9.4~10)∶1	(4.6~5.0)∶1	—

污泥中含有的有机物质可以对土壤的物理性质起到很大的影响，如土壤的肥效、腐殖质的形成、容重、聚集作用、孔隙率和持水性等。污泥中含有可生物利用的有机成分，包括纤维素、脂肪、树脂、有机氮、硫和磷化合物等多糖物质，这些物质有利于土壤腐殖质的形成。

（4）微量营养物质。污泥中包含的微量营养物质，如铁、锌、铜、镁、硼、钼（作为氮固定作用）、钠、钒和氯等，都是植物生长所少量需要的，但它们对微生物的生长像钙一样重要。氯除了有助于植物根系的生长以外，其他方面的作用尚不十分清楚。

土壤和污泥 pH 值能影响微量元素的可利用性。

（5）污染物质。污泥通常含有一些有机化合物和无机化合物，这些化合物的过量存在会严重影响动植物的生长及人类健康。无机污染物包括 10 种重金属：砷、镉、铬、铜、铅、汞、钼、镍、硒和锌。

1.3.3　污泥生化性质

　　大多数废水处理工艺将污水中的致病微生物去除后，将其转移到污泥中去。污泥中包含多种微生物群体。污泥中微生物体可以分类为细菌、放线菌、病毒、寄生虫、原生动物、轮虫和真菌。这些微生物中相当一部分是致病的（例如，它们可以导致很多人和动物的疾病）。污泥处理的一个主要目的就是去除致病微生物、使其达到合格标准。

　　这些微生物群体在污泥的处理和实际利用中起到双重作用，既有有益的作用，也有有害的作用。初沉污泥、二沉污泥和混合污泥中细菌和病毒的种类及其浓度见表1-15。

表 1-15　初沉污泥、二沉污泥和混合污泥中细菌和病毒的种类及其浓度

（个/g）

污泥类型	总大肠杆菌	粪大肠杆菌	分链球杆菌	噬菌体	沙门菌	青绿色假单胞菌	肠道病毒
初沉污泥	$1 \times 10^6 \sim$ 1.2×10^8	$1 \times 10^6 \sim$ 2.0×10^7	8.9×10^5	1.3×10^5 PFU[①]	4.1×10^2	2.8×10^3	3.9×10^2 PFU[①] $1 \sim 10^3$ TCID[④]$_{50}$/mL $1.2 \sim 580$ PFU[①] $0.002 \sim 0.004$ MPN[②] $2 \sim 1600$ PFU[①]/mL 5.7 IU[③] $6.9 \sim 1400$ PFU[①]
二沉污泥	$8 \times 10^6 \sim$ 7×10^8	$8 \times 10^6 \sim$ 7×10^8	1.7×10^6	—	8.8×10^2	1.1×10^4	3.2×10^2 PFU[①] $3.4 \sim 49$ PFU[①] $0.015 \sim 0.026$ MPN[②]
混合污泥	$3.8 \times 10^7 \sim$ 1.1×10^9	$1.1 \times 10^5 \sim$ 1.9×10^6	$(1.6 \sim 3.7)$ $\times 10^6$	—	$7.0 \sim 290$	$3.3 \times 10^3 \sim$ 4.4×10^5	3.6×10^2 TCID[④]$_{50}$

　　① PFU：菌落形成个数（organisms plague forming unit），PFU 值取自不同国家的污水处理厂；

　　② MPN：最大可能个数（most probable number）；

　　③ IU：菌体单位（infectious unit）；

　　④ TCID$_{50}$：植物 50% 折减量（50% tissue culture infective dose）。

未处理的污泥施用到农田会将微生物和病毒的污染传播给庄稼作物以及地表和地下水。污水处理厂、污泥处理设施、污泥堆肥、污泥土地填埋和污泥土地利用等如果操作不当，都可能产生大气和工农业产品的致病体污染。污泥资源化利用和处置之前的有效处理对于防止致病体带来的疾病是十分重要的。

致病微生物可以通过物理加热法（高温）、化学法和生物法破坏。足够长的加热时间可以将细菌、病毒、原生动物胞囊和寄生虫卵降低到可以检测的水平以下（热处理对寄生虫卵的去除效率是最低的）；使用消毒剂（如氯、臭氧和石灰等）的化学处理方法同样可以减少细菌、病毒和带菌体的数量，如高 pH 值可以完全破坏病毒和细菌，但对寄生虫卵却有很小或几乎无作用，病毒对 γ 射线和高能电子束辐射处理的抗性最大；致病微生物的去除可由微生物直接检测或监测无致病性的指示生物来衡量。

1.3.4 湖泊底泥来源与组成

湖泊底泥的来源主要包括自然形成和人为输入。自然形成包括河流、湖泊等水体中由于天然地质作用或植被枯萎等因素而形成的底泥。人为输入包括城市污水处理厂排放的污泥、农业面源污染等造成的人为输入。

湖泊底泥的组成主要包括有机物、无机物和微生物。它是水生生态系统中的重要组成部分，对水质和水生生物的影响非常大。底泥中的有机物和微生物通过分解和转化可以释放出营养物质，提高水体中的营养水平，进而促进浮游生物的生长。同时，底泥也是一些有害物质的主要来源，如重金属、有机污染物等，对水生生物和人类健康造成威胁。

此外，湖泊底泥的组成还受到气候、地质、水文等因素的影响。在不同的地区和环境条件下，湖泊底泥的组成会有所不同。因此，在进行湖泊治理和保护时，需要针对不同湖泊的实际情况进行深入分析和研究，采取相应的治理措施，确保湖泊生态系统的健康和稳定。

2　城市污水厂污泥排放现状和对策

2.1　城市污水厂污泥排放现状

污水处理厂是改善水环境质量的关键基础设施，也是落实国家温室气体减排计划的重要载体。2021 年，中国现有城镇污水处理厂 4592 座，处理能力达 2.47 × 10^8 m^3/d。同时，污水处理厂产生的温室气体排放量占城市总排放量的 1% ~ 3%。《"十四五"城镇污水处理及资源化利用发展规划》提出，到 2025 年，城镇污水处理能力基本满足经济社会发展需要；到 2035 年实现城镇污水处理能力全覆盖。2022 年 6 月，生态环境部等七部门联合印发的《减污降碳协同增效实施方案》指出，协同推进减污降碳已成为我国新发展阶段经济社会发展全面绿色转型的必然选择。面对数量庞大且仍保持增长态势的污水处理厂，通过何种路径实现其减污降碳的协同发展是我们亟待回答的首要问题。

2.1.1　城市污水处理状况

截至 2022 年末，全国城市排水管道总长度达到 91.35 万千米，同比增长 4.73%。污水处理厂处理能力达到 2.16 亿立方米/日，同比增长 4.04%。2022 年，全国污水处理率达到 98.11%，比上年增加 0.22 个百分点；城市生活污水集中收集率达到 70.06%，比上年增加 1.47 个百分点。

在省份之间，广东、江苏、山东、浙江、辽宁和河南 6 个省份的城市污水处理厂处理能力超过 1000 万立方米/日；湖北、四川、上海、湖南、安徽、河北、北京、陕西、福建和广西 10 个省（区、市）为 500 万 ~ 1000 万立方米/日；重庆、吉林、江西、黑龙江、贵州、云南、山西、天津、新疆、内蒙古、甘肃、宁夏和海南 13 省（区、市）为 100 万 ~ 500 万立方米/日；青海、西藏和新疆生产建设兵团不足 100 万立方米/日。

在城市生活污水集中收集率方面，上海、北京、天津、新疆、河北、陕西、河南、宁夏、内蒙古、江苏、甘肃、浙江、吉林、广东、山东和山西 16 个省（区、市）的城市生活污水集中收集率超过 70%；黑龙江、云南、青海、重庆、辽宁、安徽、福建、湖南、海南、湖北、贵州、广西和四川 13 个省（区、市）和新疆生产建设兵团为 50%~70%；江西和西藏 2 个省（区）不足 50%。

总的来说，我国城市污水处理行业已经取得了长足的进步，但仍然存在处理质量和效率方面的问题。

随着城市污水排放量的增加，以及为完成国家环境保护目标，我国污水处理技术与污水处理产业近几年发展较快。据统计，我国城市污水年排放量、污水年处理量及污水处理率逐步提高，具体可见表 2-1。从表 2-1 可知，我国污水处理率 2007 年已达到 59%，比 2000 年增长 20 多个百分点。

表 2-1 我国城市污水处理状况

年份	年排放总量/m^3	处理量/$m^3 \cdot a^{-1}$	污水处理率/%
1991	299.7×10^8	44.5×10^8	14.86
1992	301.8×10^8	52.2×10^8	17.29
1993	311.3×10^8	62.3×10^8	20.02
1994	303.0×10^8	51.8×10^8	17.10
1995	350.3×10^8	69.0×10^8	19.69
1996	352.8×10^8	83.3×10^8	23.62
1997	351.4×10^8	90.8×10^8	25.84
1998	356.3×10^8	105.3×10^8	29.56
1999	355.7×10^8	113.6×10^8	31.93
2000	331.8×10^8	113.6×10^8	31.93
2001	328.6×10^8	119.7×10^8	36.43
2002	337.6×10^8	134.9×10^8	39.97
2003	349.2×10^8	148.0×10^8	42.39
2004	356.0×10^8	163.0×10^8	45.78
2005	610.2×10^8	295.3×10^8	48.40
2006	399.0×10^8	223.5×10^8	56.00
2007	433.1×10^8	255.5×10^8	59.00

注：部分数据引自《中华人民共和国国民经济和社会发展统计公报》。

从 20 世纪 80 年代至今，城市污水处理厂污水处理工艺技术得到了长足的发展，表 2-2 为我国部分城市污水处理厂的调查情况，从表中可以看出，目前中国污水处理厂采用的工艺基本涵盖了世界各国的先进工艺，采用较多的仍然是活性污泥法及其变种工艺，如传统活性污泥法、氧化沟、SBR、A^2/O、A-B 法，分别占到总数的 29%、32%、11%、12%、5%，其他工艺包括生物滤池、土地处理等。从地区来看，南方采用传统活性污泥法、SBR、A^2/O 的略多于北方，而采用氧化沟和 A-B 法的则略少于北方，但总体来讲，南北方差异不大。

表 2-2 我国部分城市污水处理厂污水处理工艺情况

项目	传统	氧化沟	SBR	A^2/O	A-B 法	其他	总计
南方/座	17	13	7	8	2	6	53
北方/座	12	19	4	4	3	5	47
小计/座	29	32	11	12	5	11	100
比例/%	29	32	11	12	5	11	100

污水排放标准的要求决定了污水处理程度，根据《中华人民共和国环境保护法》及环境要求，我国于 1988 年出台了《污水综合排放标准》，该标准对污水厂出水的 COD_{Cr}、BOD_5、氨氮、磷做出了规定，要求处理系统不仅去除碳源有机物，还要去除氮、磷类无机盐，并于 1996 年对该标准进行了修订。修订后的标准提高了对有机物、氨氮的去除要求。2003 年又开始实行修订的新排放标准，对有机物、氨氮的要求进一步提高，并增加了对 TN 和粪大肠菌群的排放要求。纵观 1988 年到 2003 年三次标准的修改实施，对有机物、悬浮物、氮处理的要求逐渐提高，标准的提高，相应地要求污水处理工艺技术也要提高。李俊奇等人对国内 87 座污水厂进水水质和出水水质进行了调查，统计分析结果见表 2-3 和表 2-4。总体来看，大部分处理厂的可生化性较好，BOD_5、COD、SS 三项出水指标可达到《城镇污水处理厂污染物排放标准》（GB 18918—2002）中的二级、一级（B）、一级（A）标准，分别占有数据水厂总数的 85%、43.7% 和 8.0%。

表 2-3　我国城市污水处理厂进水水质情况

BOD₅ 范围/mg·L⁻¹	污水厂数/座	COD 范围/mg·L⁻¹	污水厂数/座	SS 范围/mg·L⁻¹	污水厂数/座	NH₄-N 范围/mg·L⁻¹	污水厂数/座	TP 范围/mg·L⁻¹	污水厂数/座
(0,100]	22	(0,100]	2	(0,100]	10	(0,10]	2	(0,1]	3
(100,200]	46	(100,200]	23	(100,200]	35	(10,20]	11	(1,2]	7
(200,300]	10	(200,300]	14	(200,300]	19	(20,30]	25	(2,3]	13
(300,400]	6	(300,400]	17	(300,400]	19	(30,40]	13	(3,4]	7
>400	2	(400,500]	13	(400,500]	3	(40,50]	6	(4,5]	7
		(500,600]	5	>500	3	>50	6	(5,6]	7
		(600,700]	8					>6	14
		>700	5						
无数据	1			无数据	7	无数据	24	无数据	29

表 2-4　我国城市污水处理厂出水水质情况

标准级别	BOD₅ 范围/mg·L⁻¹	污水厂数/座	COD 范围/mg·L⁻¹	污水厂数/座	SS 范围/mg·L⁻¹	污水厂数/座	NH₄-N 范围/mg·L⁻¹	污水厂数/座	TP 范围/mg·L⁻¹	污水厂数/座
一级(A)	≤10	27	≤50	43	≤10	20	≤5	25	≤1	34
一级(B)	≤20	62	≤60	56	≤20	61	≤8	30	≤1.5	43
二级	≤30	79	≤100	78	≤30	78	≤25	64	≤3	55
三级	≤50	84	≤120	83	≤50	83			≤5	59
超标	>50	0	>120	2	>50	2	>25	6	>5	1
无数据		3		2		2		17		27

尽管我国的污水处理技术水平已接近发达国家，但与国际先进水平相比，我国城市污水处理事业从数量、规模、处理率、普及率以及机械化、自动化程度上，还存在着较大的差别。据资料介绍，美国是目前世界上污水处理厂最多的国家，其中78%为二级生物处理厂；英国共有污水处理厂约8000座，几乎全部是

二级生物处理厂；日本城市污水处理厂约 630 座，其中二级污水处理厂及高级污水处理厂占 98.6%；瑞典是目前污水处理设施最普及的国家，下水道普及率在 99% 以上，平均 5000 人一座污水处理厂，其中 91% 为二级污泥处理厂。

按照《城市污水污染控制技术政策》要求，城区人口达 50 万以上的城市，必须建立污水处理设施；在重点流域和水资源保护区，城区人口在 50 万以下的中小城市及村镇，应依据当地水污染控制要求，建设污水处理设施。

2.1.2　城市污水厂污泥排放状况

根据《2020 中国生态环境状况报告》，2019 年全国污泥产生量为 3437.5 万吨，处置率为 62.0%。其中，城镇污水处理厂污泥产生量最大，占 95.3%，其次是印染废水处理产生的污泥，占 3.1%。

在处置方式上，污泥的处置方式主要包括填埋、堆肥、焚烧和综合利用等。根据《2020 中国生态环境状况报告》，2019 年我国城镇污水处理厂污泥的处置方式主要以填埋为主，占比高达 55.8%，堆肥和焚烧处置分别占比 23.7% 和 16.8%，综合利用仅占 3.7%。

需要注意的是，这些数据是基于全国的平均水平，不同地区和不同规模的污水处理厂之间的污泥产生量和处置方式可能存在差异。此外，随着技术的进步和政策的要求，未来污泥的处置方式可能会发生变化。

城市污水厂污泥的产生量受污水水质、污水处理量、处理工艺、处理水平、污泥脱水程度等因素影响。根据我国污水处理量，余杰等人计算了我国城市污泥产量，具体结果见表 2-5。由表可知，到 2007 年全国污水处理率为 59.00%，干污泥产量为 511.1×10^4 t/a。污水处理厂排放污泥量体积庞大，而且产量大约以 10% 的速度在逐年增加。如对污泥不加处理，会对环境造成严重的污染。因此，如何合理地处理城市污泥以及污泥的资源化利用问题显得越来越重要。

表 2-5　我国城市污水厂污泥产量情况

年份	污水年排放总量 /$m^3 \cdot a^{-1}$	污水处理量 /$m^3 \cdot a^{-1}$	污水处理率/%	污泥产量/$t \cdot a^{-1}$	
				含水率为80%	干污泥
1991	299.7×10^8	44.5×10^8	14.86	445×10^4	89×10^4
1992	301.8×10^8	52.2×10^8	17.29	522×10^4	104.4×10^4

年份	污水年排放总量 /$m^3 \cdot a^{-1}$	污水处理量 /$m^3 \cdot a^{-1}$	污水处理率/%	污泥产量/$t \cdot a^{-1}$	
				含水率为80%	干污泥
1993	311.3×10^8	62.3×10^8	20.02	623×10^4	124.6×10^4
1994	303.0×10^8	51.8×10^8	17.10	518×10^4	103.6×10^4
1995	350.3×10^8	69.0×10^8	19.69	690×10^4	138×10^4
1996	352.8×10^8	83.3×10^8	23.62	833×10^4	166.6×10^4
1997	351.4×10^8	90.8×10^8	25.84	908×10^4	181.6×10^4
1998	356.3×10^8	105.3×10^8	29.56	1053×10^4	210.6×10^4
1999	355.7×10^8	113.6×10^8	31.93	1136×10^4	227.2×10^4
2000	331.8×10^8	113.6×10^8	31.93	1136×10^4	227.2×10^4
2001	328.6×10^8	119.7×10^8	36.43	1197×10^4	239.4×10^4
2002	337.6×10^8	134.9×10^8	39.97	1349×10^4	269.8×10^4
2003	349.2×10^8	148.0×10^8	42.39	1480×10^4	296×10^4
2004	356.0×10^8	163.0×10^8	45.78	1630×10^4	326×10^4
2005	610.2×10^8	295.3×10^8	48.40	2953×10^4	590.6×10^4
2006	399.0×10^8	223.5×10^8	56.00	2235×10^4	447×10^4
2007	433.1×10^8	255.5×10^8	59.00	2555×10^4	511×10^4

2.1.3 排放标准

污泥排放标准是指对污泥进行排放时需要满足的环保要求和标准。具体的污泥排放标准可能因国家和地区而异，但通常包括对污泥中的有害物质含量、有机物含量、重金属含量等方面的限制。

在中国，污泥排放标准通常由国家和地方环境保护部门制定，并纳入相关的环保法规和标准体系。例如，国家标准《城市污水处理厂污染物排放标准》(GB 18918—2002) 对城镇污水处理厂的污泥排放标准做出了规定，要求污泥中的有机物、氨氮、总磷等指标符合相关限值。

此外，一些国家和地区还对不同类型的污泥制定了不同的排放标准。例如，欧盟的《水框架指令》要求成员国对农业和城市污水处理的污泥进行无害化处理和资源化利用，而美国的《清洁水法》则要求污水处理厂对污泥进行无害化处理和处置，并禁止将未处理的污泥排放到环境中。

总之，污泥排放标准是确保污泥得到妥善处理和处置的重要手段，可以减少对环境和人类健康的不良影响。

目前，我国已有的控制城市污水处理厂污泥排放的标准是《城镇污水处理厂污染物排放标准》（GB 18918—2002）（自 2003 年 7 月 1 日起实施）和《城市污水处理厂污水污泥排放标准》（CJ 3025—93）。唯一的污泥中污染物控制标准是《农用污泥中污染物控制标准》（GB 4284—84）。与城镇污水处理厂污泥有关的标准还有《医疗机构水污染物排放标准》（GB 18466—2005）和《土壤环境质量标准》（GB 15618—1995）等。

《城市污水处理厂污水污泥排放标准》（CJ 3025—93）规定了城市污水处理厂排放污水污泥的标准值及检测、排放与监督。CJ 3025—93 规定的污泥排放标准如下：

（1）城市污水处理厂污泥应本着综合利用，化害为利，保护环境，造福人民的原则进行妥善处理和处置。

（2）城市污水处理厂污泥应因地制宜采取经济合理的方法进行稳定处理。

（3）在厂内经稳定处理后的城市污水处理厂污泥宜进行脱水处理，其含水率宜小于 80%。

（4）处理后的城市污水处理厂污泥，用于农业时，应符合 GB 4284 标准的规定。用于其他方面时，应符合相应的有关现行规定。

（5）城市污水处理厂污泥不得任意弃置。禁止向一切地面水体及其沿岸、山谷、洼地、溶洞以及划定的污泥堆场以外的任何区域排放城市污水处理厂污泥。城市污水处理厂污泥排海时应按 GB 3097 及海洋管理部门的有关规定执行。

在《城镇污水处理厂污染物排放标准》（GB 18918—2002）中规定的污泥的控制标准为：

（1）城镇污水处理厂的污泥应进行稳定化处理，稳定化处理后应达到表 2-6 的控制指标。

（2）城镇污水处理厂的污泥应进行污泥脱水处理，脱水后污泥含水率应小于 80%。

（3）处理后的污泥进行填埋处理时，应达到安全填埋的相关环境保护要求。

表 2-6 污泥稳定化控制指标

稳定化方法	控制项目	控制指标
厌氧消化	有机物降解率/%	>40
好氧消化	有机物降解率/%	>40
好氧堆肥	含水率/%	<65
	有机物降解率/%	>50
	蠕虫卵死亡率/%	>95

处理后的污泥农用时，其污染物含量应满足表 2-7 的要求，其施用条件必须符合 GB 4284 的有关规定。

表 2-7 污泥农用时污染物控制标准限值（GB 18918—2002）

序号	控 制 项 目	最高允许含量（以干污泥计）/mg·kg^{-1}	
		酸性土壤（pH<6.5）	中性和碱性土壤（pH≥6.5）
1	总镉	5	20
2	总汞	5	15
3	总铅	300	1000
4	总铬	600	1000
5	总砷	75	75
6	总镍	100	200
7	总锌	2000	3000
8	总铜	800	1500
9	硼	150	150
10	石油类	3000	3000
11	苯并［α］芘	3	3
12	多氯代二苯并二噁英/多氯代二苯并呋喃（PCDD/PCDF）/ng·kg^{-1}	100	100
13	可吸附有机卤化物（AOX）（以 Cl 计）	500	500
14	多氯联苯（PCB）	0.2	0.2

2.1.4　城市污水厂污泥农用标准

城市污水厂污泥农用资源化的安全性问题主要取决于致病微生物、重金属物质与毒性有机物等指标。

目前，关于污泥处理后农用的有关卫生学控制指标还很不全面，相关标准有：

（1）《粪便无害化卫生标准》（GB 7959—87）规定：大肠菌值 $> 10^{-2}$，蛔虫卵死亡率应达 95% ~ 100%。

（2）中国《城市生活垃圾堆肥处理厂技术评价指标》（CJ/T 3059—1996）规定：大肠菌值 10^{-1} ~ 10^{-2}，蛔虫卵死亡率达 95% ~ 100%。

（3）《农田灌溉水质标准》（GB 5084—92）规定：大肠菌群数应≤10000 个/L，蛔虫卵数应≤2 个/L。

（4）恩格尔贝格粪肥及污泥农用微生物质量标准（1985 年）：大肠杆菌 < 1000 个/100 mL 或 100 湿重，蠕虫 <1 个/L 或 kg 湿污泥。

污水厂污泥中的有害物质包括有机成分和无机成分，无机成分主要是重金属物质，有机成分主要是有毒性有机物。至于有机毒性物质的限量与控制，目前尚无理想的办法，也缺乏相应的控制标准。

我国于 1984 年颁布了《农用污泥中污染物控制标准》（GB 4284—84），重点是对重金属含量及施用管理进行限定，有关施用管理规定的具体内容如下。

（1）标准值。农用污泥中污染物控制的标准见表2-8。

表2-8　农用污泥中污染物控制标准值　　　　　　　　（mg/kg）

项　目	最高容许含量	
	在酸性土壤上（pH < 6.5）	在中性和碱性土壤上（pH≥6.5）
镉及其化合物（以 Cd 计）	5	20
汞及其化合物（以 Hg 计）	5	15
铅及其化合物（以 Pb 计）	300	1000
铬及其化合物（以 Cr 计）①	600	1000
砷及其化合物（以 As 计）	75	75
硼及其化合物（以水溶性 B 计）	150	150
矿物油	3000	3000
苯并［α］芘	3	3

项　目	最高容许含量	
	在酸性土壤上（pH<6.5）	在中性和碱性土壤上（pH≥6.5）
铜及其化合物（以Cu计）②	250	500
锌及其化合物（以Zn计）②	500	1000
镍及其化合物（以Ni计）②	100	200

① 铬的控制标准使用于一般含六价铬极少的具有农用价值的各种污泥，不使用于含有大量六价铬的工业废渣或某些化工厂的沉积物；

② 暂作参考标准。

（2）其他规定。

1）施用符合本标准污泥时，一般每年每亩用量不超过2000 kg（以干污泥计）。污泥中任何一项无机化合物含量接近于本标准时，连续在同一块土壤上施用，不得超过20年。含无机化合物较少的石油化工污泥，连续施用可超过20年。在隔年施用时，矿物油和苯并［α］芘的标准可适当放宽。

2）为了防止对地下水的污染，在沙质土壤和地下水位较高农田上不宜施用污泥；在饮水水源保护地带不得施用污泥。

3）生污泥需经高温堆腐或消化处理后才能施用于农田。污泥可在大田、园林和花卉地上施用，在蔬菜地带和当年放牧的草地上不宜施用。

4）在酸性土壤上施用污泥除了必须遵循在酸性土壤上污泥的控制标准外，还应该同时年年施用石灰以中和土壤酸性。

5）对于同时含有多种有害物质而含量都接近本标准值的污泥，施用时应酌情减少用量。

6）发现因施污泥而影响农作物的生长、发育或农产品超过卫生标准时，应该停止施用污泥和立即向有关部门报告，并采取积极措施加以解决。例如，施石灰、过磷酸钙、有机肥等。

2.2　污泥的危害

城市污水厂污泥成分复杂，通常污泥具有：含有机物多，性质不稳定，易腐化发臭；重金属、有毒有害污染物的含量高，污水处理过程中许多有害物质富集到污泥中；含水率高，不易脱水；含较多植物营养素，有肥效；含病原菌及寄生虫卵等特性，其具体组成如图 2-1 所示。由于污水厂污泥产量很大，若任意堆放不进行有效处理处置将对环境和人类以及动物健康造成较大的危害。

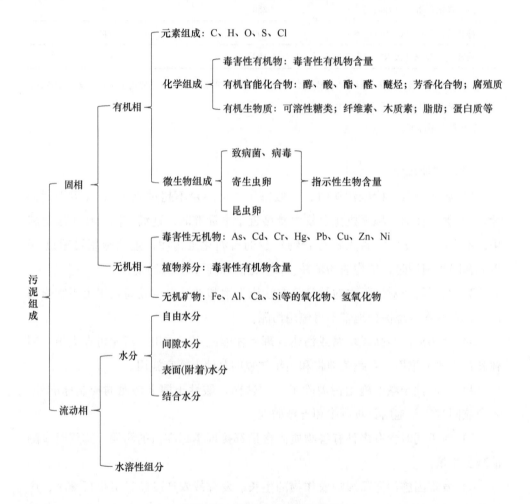

图 2-1　城市污水污泥的组成

2.2.1　污泥对水体环境的影响

污泥对水体环境的影响主要表现在以下几个方面。

（1）污染水质：污泥中可能含有大量的有机物、无机物、重金属等有害物质，这些物质进入水体后会导致水质恶化，甚至引发藻华等环境问题。

（2）减少水体溶解氧：污泥中含有大量的有机物质，这些物质在分解过程中会消耗水中的溶解氧，使得水体中的生物群落难以生存。

（3）破坏水生生物：污泥中的有害物质会对水生生物造成直接或间接的伤害，影响它们的生长和繁殖，甚至导致它们的死亡。

（4）传播病菌：污泥中可能含有大量的病菌和病毒，这些病菌和病毒进入水体后可能会传播给人类和其他生物，引发健康问题。

（5）堵塞河道：污泥中含有大量的有机物质和无机物质，在沉积过程中会堵塞河道，影响水流的流动和船只的通行。

因此，在污水处理过程中，需要对污泥进行妥善的处理和处置，避免对水体环境造成不良影响。

目前，城市污水处理厂普遍采用活性污泥法及其各种变形工艺，进厂污水中的大部分污染物是通过生物转化为污泥去除的，因此，城市污水厂污泥中含有覆盖面很广的各类污染物质，其中包括各种重金属、微量的高毒性有机物（PCBs、AOX 等）、大量的各种致病微生物（致病细菌、病毒体、寄生虫卵、有害昆虫卵等），以及一般的耗氧性有机物和植物养分（N、P、K）等。并且污水处理厂均有大量工业废水进入（部分企业有着自己的污水处理厂，先进行预处理再排放），经过污水处理，污水中重金属离子约有 50% 以上转移到污泥中，这些污泥如果不进行有效处理就作为农业利用，将对地表水和地下水造成污染，严重的可导致环境污染事故。我国城市污水处理厂污泥中重金属含量情况见表 2-9。

表 2-9 我国城市污水处理厂污泥中重金属含量情况

元素名称	$\omega/\text{mg} \cdot \text{kg}^{-1}$	元素名称	$\omega/\text{mg} \cdot \text{kg}^{-1}$
Hg	4.63 ~ 138	As	12.5 ~ 560
Cd	3.6 ~ 24.5	Zn	300 ~ 1119
Cr	9.2 ~ 540	Cu	55 ~ 460
Pb	85 ~ 2400	Ni	3.6 ~ 24.5

同时，污泥的集中堆置，不仅严重影响堆置地附近的环境卫生状况（臭气、有害昆虫、含致病生物密度大的空气等），也可能使污染物由表面径流夹带和向地下径流的渗透引起更大范围的水体污染问题。

2.2.2　污泥对土壤的影响

污泥对土壤环境的影响主要表现在以下几个方面。

（1）改变土壤性质：污泥中含有大量的有机物、无机物、重金属等有害物质，这些物质进入土壤后会影响土壤的理化性质，如改变土壤的酸碱度、氧化还原电位等，从而影响土壤中微生物的活性和植物的生长。

（2）减少土壤肥力：污泥中的有机物在分解过程中会消耗土壤中的氮、磷等营养元素，使得土壤肥力下降，影响农作物的生长和产量。

（3）传播病菌：污泥中可能含有大量的病菌和病毒，这些病菌和病毒进入土壤后可能会传播给植物，引发植物病害，影响植物的生长和产量。

（4）污染地下水：污泥中的有害物质可能会渗透到地下水中，污染地下水，影响地下水的质量和用途。

（5）占用土地资源：污泥的处置需要占用大量的土地资源，如填埋场、堆肥场等，这些场所的建设和管理也需要耗费大量的人力、物力和财力。

因此，在污水处理过程中，需要对污泥进行妥善的处理和处置，避免对土壤环境造成不良影响。同时，对于已经受到污泥污染的土壤，需要进行治理和修复，以恢复土壤的质量和功能。

污泥中含有大量的 N、P、K、Ca 及有机质，这些有机养分和微量元素可以明显改变土壤理化性质，增加氮、磷、钾含量，同时可以缓慢释放许多植物所必需的微量元素，具有长效性。因此，污泥是有用的生物资源，是很好的土壤改良剂和肥料。污泥用作肥料，可以减少化肥施用量，从而降低农业成本，减少化肥对环境的污染。但是，由于污水种类繁多，性质各异，各污水处理厂的污泥在化学成分和性质上又很不相同，由许多工厂排出的污水合流而成的城市污水处理厂的污泥成分就更加复杂。在污泥中，除含有对植物有益的成分外，还可能含有盐类、酚、氰、3,4-苯并芘、镉、铬、汞、镍、砷、硫化物等多种有害物质。当污泥施用量和有害物质含量超过土壤的净化能力时，就可能毒化土壤，危害作物生长，使农产品质量降低，甚至在农产品中的残留物超过食用卫生标准，直接影响人体健康。因此，对污泥施肥应当慎重。

造成土壤污染的有害物质，主要是重金属元素。农田受重金属元素污染后，表现为土壤板结、含毒量过高、作物生长不良，严重的甚至没有收成。污泥中的重金属元素，根据它们对农业环境污染程度而分为两类。一类对植物的影响相对小些，也很少被植物吸收，如铁、铅、硒、铝。另一类污染比较广泛，对植物的毒害作用重，在植物体内迁移性强，有些对人体的毒害大，如镉、铜、锌、汞、铬等。

（1）锌：锌是植物正常生长不可缺少的重要微量元素，锌在植物体内的生理功能是多方面的。缺乏锌时，生长素和叶绿素的形成受到破坏，许多酶的活性降低，破坏光合作用及正常的氮和有机酸代谢，而引起多种病害。如玉米的花白叶病、柑橘的缩叶病。过量的锌，使植株矮小、叶退绿、茎枯死，质量和产量下降。锌在土壤中含量一般为 $20 \times 10^{-6} \sim 95 \times 10^{-6}$，最高允许含量为 250×10^{-5}。据报道，由污泥带入土壤的锌量为 $56 \mathrm{~mg/m^3}$，连续三十年不会造成土壤和作物的污染。

（2）镉：镉是一种毒性很强的污染物质，它对农业环境的污染已在日本引起了举世闻名的"骨痛病"，镉对植物的毒害主要表现在破坏正常的磷代谢，叶绿素严重缺乏，叶片退绿，并引起各种病害，如大豆、小麦的黄萎病。试验证明，土壤含镉为 5×10^{-6}，可使大豆受害，减产 25%。镉属累积性元素，在植物体内迁移性强，生长在镉污染土壤上的农产品含镉量可达 0.4×10^{-6} 以上。在正常环境条件下，人平均日摄取的镉量超过 300 μg，就有得"骨痛病"的危险。土壤镉的含量通常在 0.5×10^{-6} 以下，最高含量不得超 1×10^{-6}。

（3）铬：铬也是植物需要的微量元素。在缺乏铬的土壤加入铬，能增强植物光合作用能力，提高抗坏血酸、多酚氧化酶等多种酶的活性，增加叶绿素、有机酸、葡萄糖和果糖含量。而当土壤中的铬过多时，则严重影响植物生长，干扰养分和水分吸收，使叶片枯黄、叶鞘腐烂、茎基部肿大、顶部枯萎。土壤铬的含量一般在 250×10^{-6} 以下，最高含量不得超过 500×10^{-6}，六价铬含量达 1000×10^{-6} 时，可造成土壤贫瘠，大多数植物不能生长。

（4）汞：汞是植物生长的有害元素。汞可使植物代谢失调，降低光合作用，影响根、茎叶和果实的生长发育，过早落叶。汞和镉一样属于累积性元素。据报道，当土壤含可溶性汞量达 0.1×10^{-6} 时，稻米中含汞量可达 0.3×10^{-6}。土壤汞的含量在 0.2×10^{-6} 以下，最高含量不得超过 0.5×10^{-6}。

（5）铜：铜是植物的必需元素。土壤缺乏铜时，破坏植物叶绿素的生成，降低多种氧化还原酶的活性，影响碳水化合物和蛋白质代谢，能引起尖端黄化病、尖端萎缩病等症状。过量的铜产生铜害，主要表现在根部，新根生长受到阻碍，缺乏根毛，植物根部呈珊瑚状。土壤含铜量一般为 $10 \times 10^{-6} \sim 50 \times 10^{-6}$，可溶性铜的最高允许量为 125×10^{-6}。据报道，土壤含铜为 200×10^{-6} 时，将使小麦枯死。

2.2.3　污泥对大气环境的影响

污泥对大气环境的影响主要表现在以下几个方面。

（1）产生恶臭：污泥中含有大量的有机物质，这些物质在堆放过程中会发酵产生恶臭气体，如硫化氢、氨气等，这些气体不仅影响周围空气质量，还会对周围居民和环境造成不良影响。

（2）产生温室气体：污泥中含有大量的有机物质，这些物质在分解过程中会释放出大量的二氧化碳、甲烷等温室气体，加剧全球气候变暖和环境问题。

（3）产生病菌和病毒：污泥中可能含有大量的病菌和病毒，这些病菌和病毒会随着空气的流动传播给周围环境和人类，引发健康问题和环境污染问题。

（4）污染大气环境：污泥中的有害物质可能会随着风的吹散进入大气中，对大气环境造成污染和危害。

因此，在污水处理过程中，需要对污泥进行妥善的处理和处置，避免对大气环境造成不良影响。同时，对于已经受到污泥污染的大气环境，需要进行治理和修复，以恢复大气质量和环境质量。

污泥中含有部分带臭味的物质，如硫化物、氨、腐胺类等，任意堆放会向周围散发臭气，对大气环境造成污染，不仅影响厂区周围居民的生活质量，也会给厂内工作人员的健康带来危害。同时，臭气中的硫化氢等腐蚀性气体会严重腐蚀厂内设备，缩短其使用寿命。目前，国家颁布了《城市污水处理厂污染物排放标准》（GB 18918—2002），对污水处理厂大气污染物的排放做出了限制，该标准中厂界废气排放最高允许浓度见表2-10。

表2-10　厂界废气排放最高允许浓度　　　　　　　　　　（mg/m³）

控 制 项 目	一级标准	二级标准	三级标准
氨	1.00	1.50	4.00
硫化氢	0.03	0.06	0.32
臭气浓度	10	20	60
甲烷（厂区最高体积分数）	0.50	1.00	1.00

该标准规定位于《环境空气质量标准》（GB 3095—1996）中一类区的所有污水处理厂均执行一级标准，二级、三级标准相应类推。同时规定，污水处理厂四周应建设有一定防护距离的绿化带，必须对臭气采取综合治理措施，控制排放浓度，确保环境质量。

2.3 城市污水厂污泥处理与资源化政策法规

污水处理厂大量的投入运行，污泥处置成为污水处理、环境整治过程中的新课题。据报道，大部分污水处理厂缺少污泥处置设施，污泥尚未得到安全处置，因此必须及时建立污泥处置的相关法规政策，来规范污泥的处置，解决环境问题；同时，应完善管网排放户和污泥安全处置的监管体系，并逐步吸收和推广污泥消化、焚烧等无害化技术。

为了规范污泥的处理和处置，正积极制定污泥处理处置的相关政策和法规。

2.3.1 污泥处理与资源化技术政策

污泥处理与资源化技术政策主要包括以下几个方面。

（1）优化污泥处理结构：规范污泥处理方式，积极推广污泥土地利用，合理压减污泥填埋规模，有序推进污泥焚烧处理，推动能量和物质回收利用。

（2）加强污泥处理设施建设：提升现有设施效能，加快补齐设施缺口。同时，鼓励处理设施共建共享，鼓励污泥处理设施纳入静脉产业园区。

（3）强化过程管理：包括强化源头管控，强化运输储存管理，强化监督管理。

（4）完善政策措施：包括压实各方责任，强化技术支撑，完善价费机制，拓宽融资渠道。

以上只是列举的部分政策措施，仅供参考，对于具体的污泥处理与资源化技术政策，需要根据当地情况进行制定和调整。

对污泥的处理处置、环境保护监督管理工作，应在相应的法律规范下进行。

《中华人民共和国固体废物污染环境防治法》第74条和第75条规定，污泥被视为固体废物，并根据该法律进行处理处置。

《中华人民共和国固体废物污染环境防治法》第34条和《排污费征收标准管理办法》第3条规定，对没有建成工业固体废物储存、处置设施或场所，或者工业固体废物储存、处置设施或场所不符合环境保护标准的，按照排放污染物的种类、数量计征固体废物排污费。对以填埋方式处置危险废物不符合国务院环境保护行政主管部门规定的，按照危险废物的种类、数量计征危险废物排污费。

2000 年 5 月 29 日，建设部、国家环境保护总局、科学技术部联合发布了《城市污水处理及污染防治技术政策》（建成〔2000〕124 号），对污泥的处理处置又提出了总体技术要求。其中的第 5 条"污泥处理"部分明确规定："城市污水处理产生的污泥，应采用厌氧、好氧和堆肥等方法进行稳定化处理，也可采用卫生填埋方法予以妥善处置。"该政策第 7 条"二次污染防治"部分规定："城市污水处理厂经过稳定化处理后的污泥，用于农田时不得含有超标的重金属和其他有毒有害物质。卫生填埋处置时严格防治污染地下水。"在该政策中还明确规定：日处理能力在 10 万立方米以上的污水二级处理设施产生的污泥，宜采取厌氧消化工艺进行处理，产生的沼气应综合利用；日处理能力在 10 万立方米以下的污水处理设施产生的污泥，可进行堆肥处理和综合利用。该技术政策还对污泥可能造成的二次污染进行了特别说明，指出进行农用的稳定化污泥不得含有超标的重金属和其他有毒有害物质。

现有的政策说明国家已经从法律法规的角度开始重视污泥的处理处置，主要侧重于技术层面，应进一步提出指标性的污染控制要求。

2015 年 4 月，国务院发布《水污染防治行动计划》，要求水处理设施产生的污泥应进行稳定化、无害化和资源化处理处置，禁止处理处置不达标的污泥进入耕地。非法污泥堆放点一律予以取缔。到 2020 年底，地级及以上城市污泥无害化处理处置率应达到 90% 以上。

2020 年，国家发展改革委、住房城乡建设部联合印发《城镇生活污水处理设施补短板强弱项实施方案》，将垃圾焚烧发电厂、燃煤电厂、水泥窑等协同处置方式作为污泥处置的补充。

2021 年 6 月，国家发展改革委、住房城乡建设部印发《"十四五"城镇污水处理及资源化利用发展规划》，要求开展协同处置污泥设施建设时，应充分考虑当地现有污泥处置设施运行情况及工艺使用情况。

2022 年 9 月，国家发展改革委、住房城乡建设部、生态环境部发布"关于印发《污泥无害化处理和资源化利用实施方案》的通知"，对垃圾焚烧掺烧污泥做出了明确规定。

这些政策都在推动污泥处理向更加环保、高效、资源化的方向发展。同时，各级政府也在积极推进相关政策的实施，加强监管和管理，确保污泥得到妥善处理和处置。

2.3.2　污泥处理与资源化法规与标准

污泥处理与资源化的法规与标准主要包括以下几个方面。

2.3.2.1　污泥处理标准

污泥处理标准如下。

（1）无害化处理：污泥需要经过处理，以减少或消除对环境和人类健康的潜在危害。例如，处理过程中应确保污泥中的有害物质浓度降至可接受的水平。

（2）废弃物管理：根据相关法规，污泥处理过程应遵循固体废弃物管理的要求，包括妥善的贮存、运输和处置。

（3）回收与再利用：在可能的情况下，应优先回收和再利用污泥中的有用成分。

污泥处理技术标准如下。

（1）机器人清淤：通过机器人进行清淤作业，提高清淤效率和清淤质量。

（2）污泥干化：通过污泥干化技术，将污泥中的水分分离出来，减少污泥处置的体积和重量。

（3）污泥减量化：通过化学方法等手段将污泥中的有机物质分解，减少污泥的产生量。

（4）污泥资源化利用：将污泥中的有用成分进行提取，进行能源和农业等领域的应用。

2.3.2.2　污泥处理与资源化政策法规

国务院发布的《水污染防治行动计划》（水十条）要求水处理设施产生的污泥应进行稳定化、无害化和资源化处理处置，禁止处理处置不达标的污泥进入耕地。非法污泥堆放点一律予以取缔。到 2020 年底，地级及以上城市污泥无害化处理处置率应达到90%以上。

国家发展改革委、住房城乡建设部联合印发的《城镇生活污水处理设施补短板强弱项实施方案》将垃圾焚烧发电厂、燃煤电厂、水泥窑等协同处置方式作为污泥处置的补充。

国家发展改革委、住房城乡建设部印发的《"十四五"城镇污水处理及资源化利用发展规划》要求开展协同处置污泥设施建设时，应充分考虑当地现有污泥处置设施运行情况及工艺使用情况。

国家发展改革委、住房城乡建设部、生态环境部发布的"关于印发《污泥无害化处理和资源化利用实施方案》的通知"，对垃圾焚烧掺烧污泥做出了明确规定。

这些法规与标准旨在推动污泥处理向更加环保、高效、资源化的方向发展，确保污泥得到妥善处理和处置。同时，各级政府也在积极推进相关政策的实施，加强监管和管理。

在法制社会，应有一个较为健全、科学的法规与标准指导污泥的处理与资源化，使之有章可循、有法可依。对于污泥的法规与标准可从污泥排放、污泥农用、污泥填埋、污泥干化和焚烧、污泥建材利用、污泥二次处理等方面说明。

污泥排放的标准包含《城镇污水处理厂污染物排放标准》（GB 18918—2002）、《城市污水处理厂污水污泥排放标准》（CJ 3025—93）、《医疗机构水污染物排放标准》（GB 18466—2005）和《土壤环境质量标准》（GB 15618—1995）等，对污泥脱水、污泥稳定等提出了控制指标。

污泥农用方面《农用污泥中污染物控制标准》（GB 4284—84）病原菌指标空白，具体的操作规范和管理措施欠缺，满足不了使用的要求，起不到控制污染的作用；GB 18918—2002 对污泥土地利用的操作规范和管理措施未涉及。

污泥填埋和设计的标准与规范近乎空白，在《中华人民共和国固体废物污染环境防治法》和《城市污水处理厂污水污泥排放标准》（CJ 3025—93）中只有一些原则规定；针对污泥与垃圾混合填埋只能参照垃圾填埋场的相关技术标准和技术规范，如《生活垃圾填埋标准》（GB 16889—1997）和《生活垃圾卫生填埋技术规范》（CJJ 17—2004）；对于污泥的单独填埋，既没有控制标准，也没有相应的设计规范。

对于污泥制作建材的标准和设计规范仍然空白，应根据具体的建材制作要求制定相应的规范，也可借鉴国外的相关规范。

污泥干化和焚烧也没有相应的标准和技术规范。对于焚烧工程，可参照垃圾焚烧的相应标准《生活垃圾焚烧污染控制标准》（GB 18485—2001）。

在污泥处置过程中，为防治二次污染，必须符合相应的国家标准。如《土壤环境质量标准》（GB 15618—95）、《地下水质量标准》（GB 14848—93）、《地表水环境质量标准》（GB 3838—2002）、《海水水质标准》（GB 3097—1997）、《渔业水质标准》（GB 11607—89）、《大气污染物综合排放标准》（GB 16297—1996） 和《恶臭污染物排放标准》（GB 14554—93） 等。

2.3.2.3 标准与法规说明

下面对一些标准与法规进行说明。

（1）《城镇污水处理厂污染物排放标准》（GB 18918—2002）。《城镇污水处理厂污染物排放标准》（GB 18918—2002） 规定：城市污泥必须进行稳定化处理，其处理效果的要求见表 2-11。另外，规定必须进行污泥脱水，且脱水后泥饼含水率小于 80%。

表 2-11　稳定后污泥的控制指标 （GB 18918—2002）

稳定化方法	项　目	指　标
厌氧消化	有机分解率/%	>40
好氧消化	有机分解率/%	>40
好氧堆肥	含水率/%	<65
	有机分解率/%	>50
	蠕虫卵死亡率/%	>95
	粪大肠菌群菌值	>0.01

（2）《城镇污水处理厂污泥处理技术规程》。《城镇污水处理厂污泥处理技术规程》适用于以城镇污水处理厂产生的初沉污泥和剩余污泥及其混合污泥的处理，不包括城镇污水的初步处理中产生的沙砾（如沙子、石砾、煤渣和其他高相对密度的物质）或筛屑（如碎布等相对较大的材料）的利用或处理的要求。该技术规程对污水厂污泥处理的技术方案、施工验收、运行管理等各做了明确的要求，规范了污泥的处理处置。

（3）《城镇污水处理厂污泥处置分类》（CJ/T 239—2007）。该法规是城镇污水处理厂污泥处置系列标准的总则，对污泥处置的分类和范围进行了明确的规定，具体见表 2-12。

表 2-12　城镇污水处理厂污泥处置分类

序号	分 类	范 围	备 注
1	土地利用	农用	农用肥料、农田土壤改良材料
		园林绿化利用	造林育苗和城市绿化的肥料
		土地改良	盐碱地、沙化地和废弃矿场的土壤改良材料
2	填埋	单独填埋	在专门填埋污泥的填埋场进行填埋处置
		混合填埋	在城市生活垃圾填埋场进行混合填埋（含填埋场覆盖材料利用）
		特殊填埋	填地和填海造地的材料
3	建筑材料利用	用作水泥添加料	制水泥的部分原料
		制砖	制砖的部分原料
		制轻质骨料	制轻质骨料（陶粒等）的部分原料
		制其他建筑材料	制生化纤维板等其他建筑材料的部分原料
4	焚烧	单独焚烧	在专门污泥焚烧炉焚烧
		与垃圾混合焚烧	与生活垃圾一同焚烧
		利用工业锅炉焚烧	利用已有工业锅炉焚烧
		送火力发电厂焚烧	利用已有火力发电厂锅炉焚烧

（4）《城镇污水处理厂污泥处置 园林绿化用泥质》（CJ 248—2007）。该标准对城镇污水厂的污泥用于园林绿化相关方面做了明确的规定，具体体现在外观和嗅觉、理化指标和营养指标、安全指标（污染物浓度限值、卫生防疫安全）、种子发芽指数、污泥用于园林绿化面积较大且比较集中时的施用率、污泥园林绿化面积较小时的施用率、污泥施用地点、污泥施用季节、取样和监测等方面。

（5）《城镇污水处理厂污泥处置 混合填埋泥质》（CJ 249—2007）。该标准规定了进入生活垃圾卫生填埋场混合填埋的城镇污水处理厂污泥泥质的准入标准，规定了混合填埋实施时的注意事项。同时也规定了城镇污水处理厂污泥作为生活垃圾卫生填埋场覆盖土源时的准入条件及实施时的注意事项。

该标准适用于城镇污水处理厂污泥处置的规划、设计和运营管理，同时也适用于生活垃圾卫生填埋场的运行和管理。

(6)《城镇污水处理厂污泥泥质》(CJ 247—2007)。《城镇污水处理厂污泥泥质》的出台标志着一个新产品标准的诞生,填补了我国在污泥处理上无单独标准的空白。

该标准规定了城镇污水处理厂污泥中污染物的控制项目和限值,将控制项目分为基本控制项目和选择性控制项目,基本控制项目包括 pH 值、含水率等 4 项,选择性控制项目主要是重金属等污染物。

2.3.3　国外污泥处理与处置政策与法规

在国外,污泥处理与处置的法规和政策因国家和地区而异。以下是一些国外污泥处理与处置的法规和政策。

欧盟:欧盟对污泥的处理和处置有较为严格的法规和标准。例如,欧盟的《水框架指令》要求成员国减少污泥的产生,并对污泥进行适当的处理和处置。此外,欧盟的《固体废物指令》也要求成员国对污泥进行无害化处理和资源化利用。

美国:美国对污泥的处理和处置也有较为完善的法规和标准。例如,美国的《清洁水法》要求污水处理厂对污泥进行无害化处理和处置,并禁止将未处理的污泥排放到环境中。此外,美国还通过各种税收和补贴政策来鼓励企业和机构对污泥进行资源化利用。

日本:日本对污泥的处理和处置也制定了较为严格的法规和标准。例如,日本的《下水道法》要求污水处理厂对污泥进行无害化处理和处置,并禁止将未处理的污泥排放到环境中。此外,日本还通过各种税收和补贴政策来鼓励企业和机构对污泥进行资源化利用。

欧盟也已制订了废弃物管理的相关法律体系,与城市污水厂污泥相关的指令法规体系如图 2-2 所示,旨在严格控制与废弃物相关的活动,保护水系免受危害。

欧盟的废物管理基于以下三个准则:(1)源头控制,废物预防,这是废物管理政策的关键因素;(2)循环利用;(3)加强最终处置和管理。当不能对废弃物进行回收和循环利用时应尽可能对废弃物焚烧处理,而填埋仅仅作为最终的处置工艺,同时需对所有工艺过程进行严密的监测。这三个原则对于我国的污泥管理具有重要的借鉴意义。首先,对污泥的产生必须进行源头控制。处理生活污水过程中产生的污泥经过简单处理后就是肥效较高、环境风险较小的农肥,不会

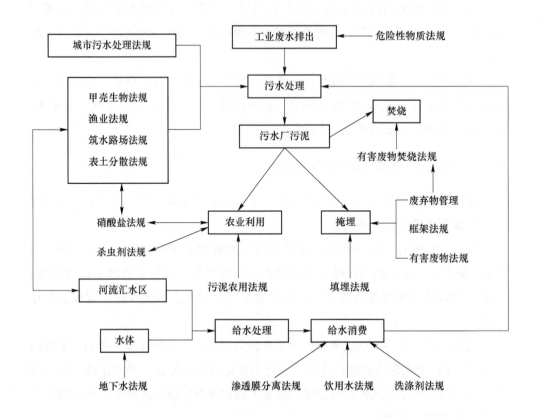

图 2-2 欧盟与城市污水厂污泥相关的指令法规体系

有重金属污染之虞。然而，许多工业废水处理未达标就排入了市政管网，这不仅给污水处理厂带来了冲击负荷，而且也增加了后续污泥处置的难度。因此应加大工业废水的处理力度，只有达标方可排入市政管网。其次，应尽可能对污泥进行回用，这需要有严格的法规、标准作保证，以便将其对环境的危害降到许可程度。最后，应为不能回收利用的污泥找到安全可行的处置出路，并为此制定相应的法规、标准，保证污泥处置的安全性。

总的来说，国外的污泥处理与处置法规和政策主要关注环境保护、公共卫生和资源利用等方面，旨在确保污泥得到妥善处理和处置，避免对环境和人类健康造成不良影响。同时，各国也在积极推动污泥的资源化利用，以实现经济和环境的双重效益。

3 城市污水厂污泥处理与资源化基本方法

3.1 城市污水厂污泥处理与资源化技术原则

城市污水厂污泥处理与处置必须遵循"减量化、稳定化、无害化、资源化"的处置原则，从"无害化"走向"资源化"，"资源化"是以"无害化"为前提的，"无害化"和"减量化"应以"资源化"为条件。将"无害化"作为污泥处置的重点，把"资源化"作为污泥处置的最终目标。为有效、彻底解决污泥的环境污染问题，可以通过技术开发将大量的废物变为可用物质，对污泥进行综合利用，取得良好的经济效益和环保效益。

（1）减量化。城市污水处理厂的污泥减量化就是通过采用过程减量化的方法减少污泥体积，以降低污泥处理及最终处置的费用。从污水厂出来的污泥的体积非常大，这给污泥的后续处理造成困难，要把它变得稳定且方便利用，必须首先要对其进行减量处理。污泥减量化通常分为质量的减少和过程减量，质量减少的方法主要是通过稳定和焚烧，但由于焚烧所需费用很高且存在烟气污染问题，所以主要适用于难以资源化利用的部分污泥。而污泥体积的减少方法则主要是通过污泥浓缩、污泥脱水两个步骤来实现。过程减量可通过超声波技术、臭氧法、膜生物反应器、生物捕食、微生物强化、代谢解偶联及氯化法等方法实现。

（2）稳定化。污泥稳定化是降解污泥中的有机物质，进一步减少污泥含水量，杀灭污泥中的细菌、病原体，消除臭味，使污泥中的各种成分处于相对稳定状态的一种过程。污泥中有机物含量为60%～70%，随着堆积时间的加长及外部环境的影响，污泥将发生厌氧降解，并极易腐败及产生恶臭，需要采用生物好氧或厌氧消化工艺，或添加化学药剂等方法，使污泥中的有机组分转化成稳定的最终产物，进一步消解污泥中的有机成分，避免在污泥的最终处置过程中造成二次污染。

（3）无害化。污泥无害化处理的目的是采用适当的工程技术去除、分解或者"固定"污泥中的有毒、有害物质（如有机有害物质、重金属）及消毒灭菌，使处理后的污泥在污泥最终处置中不会对环境造成冲击和意想不到的污染物在不同介质之间的转移，更具有安全性和可持续性，不会对环境造成危害。

（4）资源化。污泥是一种资源，含有丰富的氮、磷、钾等有机物及热量，其特点和性质决定了污泥的根本出路是资源化。资源化是指在处理污泥的同时，回收其中的氮、磷、钾等有用物质或回收能源，达到变害为利、综合利用、保护环境的目的。污泥资源化的特征是：环境效益高、生产成本低、生产效率高、能耗低。

3.2　城市污水厂污泥处理与资源化基本方向

城市污水厂污泥处理与资源化是要解决污泥的最终出路问题，目前，其基本方向主要包括：资源化利用、焚烧处理、卫生填埋等。

3.2.1　资源化利用

污泥资源化利用包括了物质回收、物质转换、能量转换，具体而言，包括了污泥的有用元素利用、能源利用和材料利用等方面。

3.2.1.1　污泥的有用元素利用

污泥的有用元素利用主要是指污泥的土地利用。污泥中含有丰富的腐殖质、有机物及植物所必需的各种微量元素 Ca、Cu、Mg、Fe、Zn、S 等，它不仅能够为植物的生长提供大量的 Mg 营养物质，提高土壤肥度，还能改良土壤结构，改善土壤的物理化学性质。污泥土地利用包括农业利用、绿地利用、森林利用和土地恢复等。污泥土地利用的风险在于污泥中存在许多有毒有害物质。污泥含有的大量重金属大部分会在土壤表层累积，对植物有毒害作用。此外，重金属随雨水或自行迁移到土壤深层，造成地下水污染。污泥中所含的大量的营养元素若不能被植物及时吸收，会随雨水径流进入地表水造成水体富营养化，进入地下水引起硝酸盐污染，部分含盐量高的污泥会改善土壤的电导率，但过高的盐分会破坏养分之间的平衡，抑制植物对养分的吸收。污泥中含有较多的病原菌和寄生虫卵，可通过各种途径传播，造成环境污染。污泥中有许多有毒害的有机物一般难以完全降解，可能产生一定的危害。因此，在污泥土地利用的时候应当严格控制这些风险，避免对周围环境和人类食物链安全造成负面影响。

3.2.1.2 污泥的能源利用

（1）污泥低温制油技术。污泥低温制油技术是指在 300~500 ℃，常压或高压缺氧条件下，借助污泥中所含的重金属和硅酸铝，尤其是铜的催化作用将污泥中的蛋白质和脂类转变成碳氢化合物，最终产物为碳、油、非冷凝气体和反应水，是一种发展中的能源回收型的污泥热化学处理技术。

（2）污泥沼气利用。污泥通过厌氧消化可产生以甲烷为主要成分的沼气。现代工艺是在电脑化控制的反应容器内，根据处理物的各种不同条件随时对容器里的厌氧环境进行调节，使自然界普遍存在的微生物，充分参与有机物逐级发酵降解（水解、酸化、气化），最终实现甲烷化。发酵产物（沼气）中主要是气态的甲烷和二氧化碳，将其收集后用作清洁燃料。由于甲烷作为温室气体的作用是 CO_2 的 22 倍，所以利用含甲烷达 50% 左右的沼气除具有一定的经济效益外，对减轻温室效应还有重大意义。排出的残渣中因存在环状化合物的聚合物腐殖酸，故可做城市绿化的基肥、土料。利用厌氧发酵制气的主要优点是资源化程度高，既产生高热值沼气也同时生产了有机肥料；生产环境好，臭气产生量极小；大气污染小，无酸性物、二噁英、粉尘产生。

（3）污泥燃料化利用。城市污泥中含有大量的有机物，占 70%~80%，脱水污泥发热量也很高。目前，污泥燃料化包括了污泥能量回收系统和污泥燃料。污泥能量回收系统是将初沉池污泥和剩余活性污泥分别进行厌氧消化、混合消化，使污泥含水率至 80%，加入轻溶剂油，变成流动性浆液，送入四效蒸发器蒸发，脱除轻油（含水率为 2.6%），含油污泥经机械脱水后，加入重油成流动性浆液，将该浆液送至四效蒸发器蒸发、脱油，制成含水率为 5%、含油率为 10% 以下的污泥燃料。污泥燃料可以用于发电，也可用于厂区水泥的生产，不仅节约了煤炭资源，燃烧的污泥灰还可以作为生产水泥的原料。污泥燃料还适合纸浆造纸厂应用，有利于降低造纸厂的能耗。污泥燃料热值较高，性质比较稳定，可方便控制。

3.2.1.3 污泥制作建筑材料

（1）污泥制沥青。沥青混合物的黏度、耐久性和稳定性的提高需要向其中添加细集料。目前，石灰石粉末一般多被用作细集料，日本 1997 年开始探讨用污泥灰的可行性，经实验分析，加入了污泥灰的沥青混合物，其各方面性能与传统的材料制成的混合物相同。

（2）污泥制砖。污泥制砖可直接用干化污泥制砖，也可用污泥焚烧灰制砖。用干化污泥直接制砖时，应对污泥的成分进行适当调整，使其成分与制砖黏土的化学成分相当。当污泥与黏土按质量比 1∶10 配料时，污泥砖可达到普通红砖的强度。利用污泥焚烧灰渣制砖时，灰渣的化学成分与制砖黏土的化学成分较接近，因此可以通过两种途径实现烧结砖制造。一种是与黏土等掺合料混合烧砖，另一种为不加掺合料单独烧砖。

（3）污泥制陶粒。目前，污泥制陶粒的工艺主要有两种，一种是直接以脱水污泥为原料制陶粒，另一种是利用生污泥或厌氧发酵污泥的焚烧灰造粒后烧结。陶粒是由泥质岩石（板岩、页岩等）、黏土、工业废料（煤矸石、粉煤灰）等为主要原料，加工熔烧而成的粒状陶质物。由于陶粒的内部的多孔结构、强度高、密度小、防火、防冻、耐腐蚀、抗震性等特点，使其在建筑业、农业和环保业的应用有着较大的经济效益和环保效益。

（4）污泥制生态水泥。指利用城市污水处理厂产生的脱水污泥为原料制造水泥的技术。这种类型的水泥的原材料约 60% 为废料，水泥烧成温度为 1000 ~ 1200 ℃，因而燃料用量和二氧化碳的排放量也较低，因而该水泥被称为"环保水泥"。污泥生产水泥既是污泥资源化的重要途径，也是行之有效的方法。

（5）污泥制混凝土。细填料污泥焚烧灰也可以作为混凝土的细填料，代替部分水泥和细砂。研究表明，污泥灰可替代高达 30% 的混凝土的细填料，具有较高的商业价值。作为混凝土填料用的污泥焚烧灰应进行筛分和粉磨的预处理，要达到一定的粒径配比，同时也要求对焚烧灰的有机质残留量进行必要的控制，以保证混凝土结构的质量。

（6）污泥制吸附剂。指利用污泥中含碳的有机物对污泥进行热解制成含炭吸附剂。污泥的热解碳化和获得的材料的应用已经获得了几项专利，如美国的关于污泥热解碳化制备含炭吸附剂的专利等。污泥制备吸附剂的研究重点是制备的中间过程、方法的改进及化学活化剂的选择，化学活化剂主要有 $ZnCl_2$、H_2SO_4、H_3PO_4、KOH 等。不同的污泥所制取的吸附剂有不同的用途，影响吸附剂性质的主要因素有活化剂种类、热解温度、浓度、活化温度、热解时间等。

3.2.2 焚烧处理

焚烧可达最大限度减量的目的。焚烧可破坏全部有机质，杀死一切病原体。如果城市卫生要求高或污泥有毒物质含量高使污泥无法再利用，但污泥自身的燃烧热值较大时，可采用焚烧方法进行处理。此外，污泥焚烧处理消耗大量能源，经济成本昂贵，通常是其他处理工艺的 2~4 倍。通过焚烧可利用污泥中丰富的生物能来发电并使污泥达到最大程度的减容。焚烧过程中所有的病菌、病原体均被彻底杀灭、有毒有害的有机残余物被氧化分解。不足之处在于焚烧过程中会产生二噁英等空气污染物。目前处理方法主要可分为两大类：一类是将脱水污泥直接送焚烧炉焚烧，另一类是将脱水污泥先干化后焚烧，应用最广的焚烧设备是流化床焚烧炉，当污泥的含水率达到 38% 以上时就可不需要辅助燃料直接燃烧。

污泥焚烧以焚烧为核心的处理方法是最彻底的处理方法，与其他的污泥处置方法相比较，焚烧的优点在于其产物为无菌、无臭的无机残渣，迅速实现了无菌化和减量（减少 60%）的目的。但污泥在焚烧前必须脱水，从目前技术水平看，机械脱水成本比较高，自然脱水虽然成本低，但时间长，占地大，受气候影响，而且在晾晒期间污染周围空气。另外，焚烧处理一般要求其热值在 1000 kJ/kg 以上，焚烧时产生二氧化硫、二噁英等有害气体，污泥中的重金属也会随着烟尘的扩散而污染空气。

3.2.3 卫生填埋

填埋处理是指把污泥运到限定的区域内（山间、平地、峡谷和废矿坑内）铺开压实成薄层至一定厚度，在其上覆盖惰性土壤，已封闭的填埋场覆以由黏性土壤组成的最终覆盖层，上面可以种绿色植物。污泥的土地填埋始于 20 世纪 60 年代，在传统填埋的基础上从保护环境角度出发，经过科学选址和必要的场地防护处理，有严格管理制度、科学的操作方法。污泥既可单独填埋，也可与工业废物和生活垃圾一起填埋，具有投资少、容量大、见效快等特点。土地填埋产生的渗出液和气体会破坏环境，值得进一步探索。美国环保局估计，今后几十年美国将关闭近 5000 个填埋场，欧盟各国 1992 年填埋处理约占 40%，到 2005 年减至 17%，而且规定所填埋的物质仅限于有机物含量小于 50 g/kg。由于污泥填埋对污泥的土力学性质要求较高，需要大面积的场地和大量的运输费用，地基需作防渗处理以免污染地下水等，近年来污泥填埋处置所占比例越来越小。污泥填埋并未最终避免环境污染，而只是延缓了产生的时间，例如，有害成分的渗漏可能会对地下水造成污染，填埋场废气排放等，这都决定了土地填埋从多方面讲都不是长期有效的处置污泥的方法。

3.3　城市污水厂污泥处理与利用技术单元组成

城市污水厂污泥处理与利用技术包括污泥减量、污泥预处理、污泥热化学处理、污泥生物处理、污泥土地处理、污泥的材料利用及污泥的填埋处理等单元。具体各单元简介见表3-1。

表3-1　污泥处理单元简介

处理单元	方　　法	目的和作用
污泥减量	超声波	在处理过程中削减污泥的产生量
	臭氧法	
	膜生物反应器	
	生物捕食	
	微生物强化	
	代谢解偶联	
	氯化法	
污泥预处理	污泥浓缩	缩小污泥体积和使之稳定，减少质量
	机械脱水	
	污泥调理	
	碱性稳定化	
	辐射处理	
	污泥干化和干燥	
污泥热化学处理	污泥焚烧	缩小体积
	湿式氧化	
	低温热解	
	污泥熔融	

处理单元	方　法	目的和作用
污泥生物处理	污泥厌氧消化	灭菌、消毒、减量和资源化利用
	污泥好氧消化	
	堆肥	
污泥土地处理	污泥肥料利用	资源再利用
	填埋	
污泥的材料利用	建材利用	资源再利用
	制可降解塑料	
	污泥改性制吸附剂	
污泥的填埋处理	卫生填埋	最终处置，资源回收

3.3.1 污泥减量

污泥减量是将污泥作为内能源，将其消灭在废水处理系统中，从根本上减少污泥的体积。目前污泥减量技术主要有以下几种方法，见表 3-1。

(1) 超声波。利用超声波技术降解污水中的污染物，是近年来发展起来的一种新型水处理技术。超声波是在溶液中，通过交替的压缩和扩张产生空穴，促进微气泡的形成、生长和破裂，压碎细胞壁，释放出细胞内所含的成分和细胞质，以便进一步降解。超声波细胞处理器能加快细胞溶解，用于污泥脱水设备时，有利于污泥脱水和污泥减量；用于污泥回流系统时，可以强化细胞的可降解性，减少了污泥的产量。

(2) 臭氧法。臭氧法是将活性污泥与臭氧化技术相结合，在传统的活性污泥工艺中增加一套臭氧处理装置，对产生的污泥进行臭氧化，然后回到反应器中。在各种污泥减量方法中，臭氧法具有能耗低、效率高的特点，并能实现污水处理厂的污泥零排放。

(3) 膜生物反应器。膜生物反应器是近几年来发展起来的一种新型的处理技术。由于膜生物反应器的高截留率并将浓缩液回流到生物反应器内，使反应器中具有很高的微生物浓度和相对较低的污泥负荷，并有很长的污泥停留时间，使有机物大部分被降解。从理论上讲，膜生物反应器污泥停留时间可以无限长，使污泥达到自身氧化，因而剩余污泥产量少，甚至可以达到无剩余污泥排放。

（4）生物捕食。污水中存在多种多样的微生物，可以利用其中多种多样的微生物组成复杂的生态系统，形成如细菌—原生动物—后生动物这样的食物链，起捕食者作用的原生动物和后生动物在食物链的最高端，能最终将污泥转化为能量、二氧化碳和水，从而使污泥量减少。

（5）微生物强化。微生物强化是基于天然系统的微生物，并非全都是最有效的微生物，污水处理是利用天然的微生物种群将有机物氧化为可利用的食物要素。为了提高处理厂的效率，或者将用基因改进的菌株，或者将特别选择的微生物菌株投放到污水处理厂中，这种选择投放的菌株能保持并强化天然菌株的活性，从而优化和控制微生物种群的平衡。微生物优先利用水中的溶解性有机物，在降解难溶有机物时，微生物分泌细胞外酶分解难溶的有机物。通过选择性投加外部细菌进入系统，可增强系统中细菌的浓度和代谢活性，从而使污水处理厂的增生污泥量减少。

（6）代谢解偶联。代谢是生物化学转化的总称，可分为分解代谢和合成代谢。微生物学家认为，正常情况下，生物的分解代谢和合成代谢是由三磷酸腺苷（ATP）和二磷酸腺苷（ADP）之间的转化而联系在一起的。细胞产量和分解代谢产生的能量直接相关，但在某些条件下，如存在质子载体、重金属、异常温度和好氧-厌氧交替循环时，呼吸超过了ATP产量，即分解代谢和合成代谢解偶联，此时微生物能过量消耗底物，底物的消耗速率很高。在完全停止生长时细菌利用能源的速率比对数生长期的高1/3，这表明细胞能通过消耗膜电势、ATP水解和无效循环处置其胞内能量。能量解偶联的特殊性在于它是微生物对底物的分解和再生，而没有细胞质量的相应变化。通过控制微生物的代谢状态，最大限度的分离合成代谢和分解代谢，在剩余污泥减量化上将是一个很有发展前景的技术途径。

（7）氯化法。通过污泥臭氧化使之溶解在酶作用物中，在好氧池中被氧化的方法能使剩余污泥成功地无机化。然而，这种方法较为昂贵。因此，作为一个可代替的方法，有人提出在剩余污泥的最小化中根据运行成本使用氯化法代替臭氧化。李欣等人的研究结果表明，二氧化氯对活性污泥具有溶胞作用，二氧化氯最佳投加量在10.0 mg/g干污泥左右，反应时间应控制在40 min以上。

3.3.2 污泥预处理

城市污泥含水率一般为99.2% ~99.8%，体积庞大，给污泥的后续处理造成困难，要把它变得稳定、方便利用，首先需进行污泥减量、减容处理。污泥的预处理则是方便后续处理处置、资源化利用的前提条件，预处理是指采用物理、化学或生物方法，将污泥转变成便于运输、储存、回收利用和处置的形态，污泥预处理技术主要有以下几种。

(1) 污泥浓缩。浓缩法的形式多样，主要有重力浓缩法、气浮浓缩法、离心浓缩法三大类，根据产生污泥的污水处理工艺、污泥的性质、污泥量和需达到的含固率要求选择确定污泥脱水工艺，除去污泥中的自由水。

1) 重力浓缩法。重力浓缩是利用污泥中的固体颗粒和水之间的密度差来实现泥水分离的，也是应用最多的一种方法，它是一个物理过程，不需要外加能量，是最节能的污泥浓缩方法。目前，根据运行方式的不同，可将重力浓缩池分为间歇式和连续式两种。

2) 气浮浓缩法。气浮浓缩是指通过使大量的微小气泡附着在污泥颗粒的表面，使污泥颗粒的密度下降，从而实现泥水分离的目的。这种方法适用于浓缩活性污泥和生物滤池污泥等密度较轻的污泥。这种方法可使污泥的含水率由99.5%下降到94% ~96%，但与重力浓缩相比，设备运行费用较高，更适用于人口密度较大又缺乏土地的城市应用。

3) 离心浓缩法。离心浓缩法的原理是利用污泥中的固体、液体存在密度差，在离心力的作用下而能被分离。离心浓缩可以连续工作，其占地面积较小，工作场所的卫生条件也较好，投资少，但是运行费用和机械维修费用高，也存在噪声的问题。

(2) 机械脱水。污泥脱水主要是去除污泥颗粒表面的吸附水和颗粒间的毛细水。污泥机械脱水可以分为三类：一类是在过滤介质的一面形成负压进行脱水，也就是真空吸滤脱水；二类是利用离心力实现污泥分离，即离心脱水；三类是在过滤介质的一面加压进行脱水，即压滤脱水。

(3) 污泥调理。污泥调理指采用不同的方法改变污泥理化性质的一种手段，主要有以下几种。

1) 温差调理。温差调理是通过热能量的流动改变构成污泥絮体的胶质物的稳定性，削弱污泥颗粒与间隙水分等的结合力，改善污泥的脱水性，包括加热调理和冷冻-融化调理两种。

① 加热调理。通过在高压下加热污泥，破坏污泥胶体颗粒的稳定性、破坏污泥中水分和污泥颗粒间的联系，促使污泥间隙水的游离、吸附水和内部水的释放，从而降低了污泥的比阻，改善了污泥脱水的性能，同时，这种方法还可以杀灭污泥中的致病菌、寄生虫卵和病毒等，也有使污泥稳定、除臭和消毒的功能，但是这种方法存在投资费用和运行费用高、经过调理后的污泥过滤液有机物含量高及操作要求较高的缺点。

② 冷冻-融化调理。污泥的冷冻-融化调理是将污泥冷冻到凝固点以下，使污泥冻结，然后再进行融解以提高污泥沉淀性和脱水性能的一种处理方式。原理是随着冷冻层的发展，颗粒被向上压缩浓集，水分被挤向冷冻界面，从而挤出了浓集的污泥颗粒中的水分。这种方法不可逆地改变了污泥的结构，即使用水泵搅拌或机械方法也不会重新成为胶体。

2）化学调理。化学调理是通过向污泥中投加调理剂（絮凝剂、混凝剂和助凝剂），通过电性中和和吸附架桥的作用，破坏污泥胶体颗粒的稳定，使小的、分散的颗粒聚集成大颗粒，从而提高污泥的脱水性。

3）超声波调理。超声波调理是利用超声波的性能，降解污泥，降低其含水率提高污泥脱水性能的一种手段。

（4）碱性稳定化。碱性稳定化是在污泥中加入石灰或水泥窑灰等碱性物质，使污泥 pH > 122，并保持一段时间，利用强碱性和石灰放出的大量热能杀灭病原体、降低恶臭和钝化重金属，处理后污泥可直接施用于农田。石灰稳定化以液态污泥为处理对象，从某种程度上讲，石灰稳定化是一种污泥调理方法。污泥调理的不同是在操作目的和控制参数的差异上。污泥稳定化的操作目的是杀灭和控制污泥中的微生物，控制参数是污泥的 pH 值和控制时间；污泥的调理是以改善污泥的可脱水性为目的，控制参数是改善污泥比阻等可脱水性指示参数。

（5）辐射处理。利用电离产生的射线，对污泥进行处理的一种技术方法，该方法与常规的石灰消毒法、厌氧法相比，杀菌效果彻底，操作方便，耗能小以及不产生二次污染，能完全保证污泥产品的质量。污泥经辐射处理后，将改变污泥的稳定性、除臭效果，提高污泥的过滤性和沉降性。

（6）污泥干化和干燥。干化和干燥是污泥深度脱水的一种形式，使热能传递至污泥中的水，并使之汽化的过程。利用自然热源的干化过程为自然干化；使用人工能源当热源的称为污泥干燥。

1）自然干化。自然干化的主要构筑物是干化场。干化场分为自然滤层干化场和人工滤层干化场。对于自然土质渗透性能好，地下水位低的地区，可采用自然滤层干化场；人工滤层干化场可分为敞开式干化场和盖式干化场。

2）污泥干燥。污泥干燥时应用人工热源以工业化设备对污泥进行深度脱水的处理方法，其直接结果是使污泥的含水率下降，污泥干燥由于提高水分蒸发强度的要求，使用人工热源，其操作温度大于100 ℃，这种处理效应不仅具有深度脱水效应，还具有热处理效应。污泥干燥处理可同时改变污泥的物理、化学和生物特性。污泥干燥操作的温度效应可杀死污泥中的致病菌、病毒等非病原生物。

3.3.3　污泥热化学处理

污泥热化学处理是指通过对固体废物进行高温分解和深度氧化，改变其物理、化学、生物特性或组成的处理方法，具有处理时间短、减容效果好、消毒彻底、回收能源和资源等优势，但应注意其投资和运行费用高、操作运行复杂等问题。

（1）污泥焚烧。污泥焚烧是进行高温分解和深度氧化的燃烧处理过程，该法可以迅速、有效地达到污泥减量化和无菌化，产物为无菌、无臭的无机残渣，含水率为零，即使在田间恶劣的天气条件下也无须存储设备。从焚烧的产物来看，干污泥颗粒可用作发电厂燃料的掺合料，污泥焚烧灰可做成水泥添加剂、污泥陶粒、污泥砖等建筑材料；污泥细菌蛋白可制造蛋白塑料、胶合生化纤维板；污泥还可制造四氯化碳、有机玻璃树脂等化工产品。其缺点是污泥中的重金属会随着烟尘扩散到大气中而污染环境，剩余灰烬也富含污染物，再进行填埋处理也会造成环境的污染，其焚烧的成本也是其他工艺的2~4倍；另外，污泥必须在较低的含水率下才能制成合成燃料，这要提高污泥的脱水程度。

（2）湿式氧化。湿式氧化法是在高温和一定压力下处理高浓度有机废水和生物处理效果不佳的废水的一种有效的方法。

（3）污泥热解。污泥热解是将污泥在无氧或缺氧状态下加热，使之成为气态、液态或固态可燃物质的化学分解过程。污泥的低温热解（200~500 ℃）是指在无氧条件下加热污泥到一定的温度，使污泥中的有机物质热分解转化成油、不凝性气体、水和碳四类产物的一种方法。

（4）污泥熔融。污泥熔融是将污泥进行干燥后，使污泥在超过焚烧灰熔点的温度（通常为1300~1500 ℃）下燃烧，既可完全分解污泥中的有机物，燃尽其中的有机成分，也可使灰分在熔化状态输出炉外，既自然冷却固化成火山岩状的炉渣，还能明显减少灰渣的体积的一种方法。

3.3.4　污泥生物处理

利用微生物生命过程中的代谢活动，将有机物分解成简单的无机物从而去除有机污染物的过程称为生物处理。对污泥进行生物处理的目的是减少污泥中有机物的含量，使其达到一定的生物稳定性水平，从而便于污泥的后续处理和利用。

（1）污泥厌氧消化。污泥厌氧消化是普遍采用的技术，它是通过厌氧菌作用使有机质分解，最终生成以甲烷为主的沼气的过程。如何提高污泥产气率、灭菌率成为该领域的研究热点。目前的研究主要是：1）利用各种前处理技术改善污泥的厌氧消化性能；2）将中温消化与高温消化工艺相结合，改善污泥的消化效果。

（2）污泥好氧消化。污泥好氧消化法是在延时曝气活性污泥法的基础上发展起来的，目的是稳定污泥、减轻污泥对环境和土壤的危害，减少污泥的最终处置量。污泥厌氧消化需要密闭消化池、池容量大、池数多，但运行要求较高。当污泥量不大的时候，可采用好氧消化法，此法具有稳定和灭菌、投资少、基建费用低、其最终产物无臭以及上清液 BOD_5 低的特点。

（3）堆肥。堆肥就是利用污泥中的好氧微生物进行好氧发酵的过程，将污泥按一定比例与各种秸秆、稻草、锯末、树叶等植物残体，或者与草灰、粉煤灰、生活垃圾等混合，借助于混合微生物群落，在潮湿环境中对多种有机物进行氧化分解，使有机物转化为类腐殖质。

3.3.5　污泥土地处理

污泥含有丰富的有机营养成分如氮、磷、钾等和植物所需的各种微量元素如Ca、Mg、Fe、Cu、Zn 等，其中有机物的浓度一般为40% ~70%，其含量高于普通农家肥，污泥施用于土地，可以利用土壤的自净能力使污泥进一步稳定，有机部分可转化成土壤改良剂，改善土壤结构，提高土壤肥力。污泥土地直接利用具有投资少、能耗低、运行费用低等优点，主要应用于农田、菜地、果园、草地、市政绿化、育苗基质及严重扰动的土地修复与重建等。但污泥成分及来源相当复杂，在含有营养成分同时，不可避免地也会含有一些有害成分，如含有大量病原菌、寄生虫（卵），以及铜、砷、铅、锌、铝、汞等重金属和多氯联苯、二噁英等难降解的有机化合物及放射性核素等，如不经处理就利用，将会导致土壤或水体污染。

污泥的土地处理主要是污泥的肥料利用和卫生填埋。土地利用的污泥肥料有浓缩污泥肥料、脱水污泥肥料、干燥污泥肥料、堆肥化污泥肥料。卫生填埋已发展成为一项比较成熟的污泥处置技术，卫生填埋城市污泥经过简单的灭菌处理直接倾倒于低地或谷地制造人工平原是污泥填埋处置的基本方式。

3.3.6　污泥的材料利用

污泥的材料利用是指以污泥为原料制备各种材料的一种手段，主要是利用污泥中的无机成分，是污泥资源化的重要方面。

3.3.6.1　建材利用

（1）制水泥。利用城市污水处理厂产生的脱水污泥为原料制造水泥，是消纳污泥废物的技术。这种类型的水泥的原材料约60%为废料，水泥烧成温度为1000～1200℃，燃料用量和二氧化碳的排放量也较低，该水泥被称为"环保水泥"。污泥生产水泥既是污泥资源化的重要途径，也是行之有效的方法。

（2）制生化纤维板。污泥中含一定数量的细菌蛋白，利用活性污泥中所含粗蛋白（有机物）与球蛋白（酶）能溶解于水及稀酸、稀碱、中性盐的水溶液这一性质，可使污泥制成生化纤维板，将污泥在碱性条件下加热、干燥和加压，使其发生蛋白质的变性作用，制成活性污泥树脂（又称蛋白胶），然后与漂白、脱脂处理的废纤维压制成板材，其品质优于国家三级硬质纤维板的标准。

（3）替代沥青细骨粒。沥青混合物中必须加入细骨粒才能增强沥青的黏度、稳定性和耐久性等。利用污泥灰，将污泥灰加入沥青，其混合物各方面性能与传统的材料制成的混合物相同。

（4）烧制建材制品。污泥中含有大量的灰分、铝、铁等成分，是建筑材料中不可缺少的添加剂。将污泥（85%含水率）与粉煤灰以1：3比例混合，烧制建材制品，制成品性能优良，无臭味，基本符合卫生标准，且重金属含量大为降低，接近土壤。

（5）污泥制混凝土。细填料污泥焚烧灰也可以作为混凝土的细填料，代替部分水泥和细砂。研究表明：污泥灰可以替代高达30%的混凝土的细填料，具有较高的商业价值。作为混凝土填料用的污泥焚烧灰应进行筛分和粉磨的预处理，要达到一定的粒径配比，同时也要求对焚烧灰的有机质残留量进行必要的控制，以保证混凝土结构的质量。

3.3.6.2　制可降解塑料（PHA）

传统的塑料一般源于石油，不能被生物降解，因此给环境造成了很大的污染。而用活性污泥合成的多羟基烷酸（PHA）具有完全生物降解性、生物相容性、压电性和光学活性等优良特性，也是具有类似于化学合成塑料的理化性质，无毒无害，是一种新型热塑性塑料，无论在海水、河水、土壤等介质中都能短时间高效率的降解，代谢成二氧化碳和水。目前，污泥制 PHA 技术是将活性污泥直接经过驯化后合成 PHA，比传统的纯菌发酵节省了大量时间，也降低了废水处理的成本，给解决白色污染带来了希望。

3.3.6.3　污泥改性制吸附剂

污泥中含有大量有机物，它具有被加工成吸附剂的客观条件。在一定高温下，以生化污泥为原料，通过化学改性活化处理可制得含碳吸附剂。含碳吸附剂对 COD 及某些重金属离子有很高的去除率，是一种优良的有机废水处理吸附絮凝剂。

3.3.7　污泥的填埋处理

当污泥中的重金属和其他有毒有害物质浓度超过土地利用标准时，或者是在土地相对紧张的情况下，可以采用填埋作为污泥的最终处置方式。

污泥的填埋方式有单独填埋和混合填埋，美国大多数采用单独填埋方法；混合填埋是把污泥与城市生活垃圾混合后再进行填埋，欧洲各国多使用这种方法。从经济及技术条件来看，由于单独填埋对污泥性质及填埋场的技术要求比较高，因而混合填埋将是今后若干年内我国城市污泥处理的主要方法。污泥能否填埋主要取决于污泥本身的性质和污泥填埋后会不会对周围环境产生影响。

污泥单独填埋方法有：（1）沟填法；（2）平面填埋法；（3）筑堤法。

污泥填埋优点有：污泥无毒无害化处理成本低，不需要高度脱水（自然干化）；既解决了污泥出路问题，又可以增加城市建设用地；投资少、容量大、见效快等。应注意污泥卫生填埋产生的渗滤液对环境的危害。尽管如此，在将来的发展中，填埋仍是垃圾和污泥处置中不可避免的方法。对于不能资源化而必须从使用循环中排出的废物，填埋是目前唯一的最终处置途径。

3.4　污泥浓缩工艺

污泥处理系统产生的污泥，含水率很高，体积很大，输送、处理或处置都不方便。污泥浓缩可使污泥初步减容，使其体积减小为原来的几分之一，从而为后续处理或处置带来方便。首先，经浓缩之后，可使污泥管的管径减小，输送泵的容量减小。浓缩之后采用消化工艺时，可减小消化池容积，并降低加热量；浓缩之后直接脱水，可减少脱水机台数，并降低污泥调质所需的絮凝剂投加量。

污泥浓缩使体积减小的原因，是浓缩将污泥颗粒中的一部分水从污泥中分离出来。从微观看，污泥中所含的水分包括空隙水、毛细水、吸附水和结合水四部分。空隙水系指存在于污泥颗粒之间的一部分游离水，占污泥中总含水量的65%～85%；污泥浓缩可将绝大部分空隙水从污泥中分离出来。毛细水系指污泥颗粒之间的毛细管水，约占污泥中总含水量的15%～25%；浓缩作用不能将毛细水分离，必须采用自然干化或机械脱水进行分离。吸附水系指吸附在污泥颗粒上的一部分水分，由于污泥颗粒小，具有较强的表面吸附能力，因而浓缩或脱水方法均难以使吸附水与污泥颗粒分离。结合水是颗粒内部的化学结合水，只有改变颗粒的内部结构，才可能将结合水分离。吸附水和结合水一般占污泥总含水量的10%左右，只有通过高温加热或焚烧等方法，才能将这两部分水分离出来。

污泥浓缩主要有重力浓缩，气浮浓缩和离心浓缩三种工艺形式。国内目前以重力浓缩为主，但随着氧化沟、A^2/O 等污水处理新工艺的不断增多，气浮浓缩和离心浓缩将会有较大的发展。事实上，这两种浓缩方法在国外早已有了非常成熟的运行实践经验。

3.4.1　重力浓缩工艺

3.4.1.1　工艺原理及过程

重力浓缩本质上是一种沉淀工艺，属于压缩沉淀。浓缩前由于污泥浓度很高，颗粒之间彼此接触支撑。浓缩开始以后，在上层颗粒的重力作用下，下层颗粒间隙中的水被挤出界面，颗粒之间相互拥挤得更加紧密。通过这种拥挤及压缩过程，污泥浓度进一步提高，从而实现污泥浓缩。

污泥浓缩一般采用圆形池。进泥管一般在池中心，进泥点一般在池深一半处。排泥管设在池中心底部的最低点。上清液自液面池周的溢流堰溢流排出。较大的浓缩池一般都设有污泥浓缩机。污泥浓缩机系一底部带刮板的回转式刮泥机。底部污泥刮板可将污泥刮至排泥斗，便于排泥。上部的浮渣刮板可将浮渣刮至浮渣槽排出。刮泥机上装设一些栅条，可起到助浓作用。主要原理是，随着刮泥机转动，栅条将搅拌污泥，有利于空隙水与污泥颗粒的分离。对浓缩机转速的要求不像二沉池和初沉池那样严格，一般可控制在 1 ~ 4 r/h，周边线速度一般控制在 1 ~ 4 m/min。浓缩池排泥方式可用泵排，也可直接重力排泥。后续工艺采用厌氧消化时，常用泵排，因可直接将排除的污泥泵送至消化池。

3.4.1.2　工艺控制

A　进泥量的控制

对于某一确定的浓缩池和污泥种类来说，进泥量存在一个最佳控制范围。进泥量太大，超过了浓缩能力时，会导致上清液浓度太高，排泥浓度太低，起不到应有的浓缩效果；进泥量太低时，不但降低处理量，浪费池容，还可导致污泥上浮，从而使浓缩不能顺利进行下去。污泥在浓缩池发生厌氧分解，降低浓缩效果表现为两个不同的阶段：当污泥在池中停留时间较长时，首先发生水解酸化，使污泥颗粒粒径变小，密度减轻，导致浓缩困难；如果停留时间继续延长，则可厌氧分解或反硝化，产生 CO_2 和 H_2S 或 N_2，直接导致污泥上浮。浓缩池进泥量可由下式计算：

$$Q_i = q_s \cdot A / C_i \tag{3-1}$$

式中　Q_i——进泥量，m^3/d；

　　　C_i——进泥浓度，kg/m^3；

　　　A——浓缩池的表面积，m^2；

　　　q_s——固体表面负荷，$kg/(m^2 \cdot d)$。

固体表面负荷 q_s 系指浓缩池单位表面积在单位时间内所能浓缩的干固体量。它的大小与污泥种类及浓缩池构造和温度有关系，是综合反映浓缩池对某种污泥的浓缩能力的一个指标。温度对浓缩效果的影响体现在两个相反的方面：当温度较高时，一方面污水容易水解酸化（腐败），使浓缩效果降低；但另一方面，温度升高会使污泥的黏度降低，使颗粒中的空隙水易于分离出来，从而提高浓缩效果。在保证污泥不水解酸化的前提下，总的浓缩效果将随温度的升高而提高。综上所述，当温度在15~20℃时，浓缩效果最佳。初沉污泥的浓缩性能较好，其固体表面负荷 q_s 一般可控制在90~150 kg/(m^2·d) 的范围内。活性污泥的浓缩性能很差，一般不宜单独进行重力浓缩。如果进行重力浓缩，则应控制在低负荷水平，q_s 一般为10~30 kg/(m^2·d)。常见的形式是初沉污泥与活性污泥混合后进行重力浓缩，其 q_s 取决于两种污泥的比例。如果活性污泥量与初沉污泥量为1:2~2:1，q_s 可控制在25~80 kg/(m^2·d)，常为60~70 kg/(m^2·d)。即使同一种类型的污泥，q_s 值的选择也因厂而异，运行人员在运行实践中，应摸索出本厂的 q_s 最佳控制范围。

由式（3-1）计算确定的进泥量还应当用水力停留时间进行核算。水力停留时间计算如下：

$$T = V/Q_i = A \cdot H/Q_i \tag{3-2}$$

式中　A——浓缩池的表面积，m^2；

　　　H——浓缩池的有效水深，通常指直墙深度，m。

水力停留时间一般控制在12~30 h范围内。温度较低时，允许停留时间稍长一些；温度较高时，不应使停留时间太长，以防止污泥上浮。

【实例计算】某处理厂的污水处理系统每天产生含水率为98%的混合污泥1500 m^3。该厂污泥处理系统中有4座直径为14 m、有效水深为4 m的圆形重力浓缩池。该厂在运行中发现固体表面负荷宜控制在70 kg/(m^2·d) 左右。试计算该厂需投运的浓缩池数量及每池的进泥量，并对水力停留时间进行核算。

【解】浓缩池的面积 $A = 3.14 \times 7 \times 7 = 154$ m^2，浓缩池的有效容积 $V = 154 \times 4 = 615$ m^3。污泥的含水率为98%，则含固量为2%，$C_i = 20$ kg/m^3。将 A、C_i 及 q_s 值代入式（3-1），得每座浓缩池的进泥量：

$$Q_i = 70 \times 154/20 = 540 \quad (m^3/d)$$

将 V 和 Q_i 代入式（3-2），得水力停留时间：

$$T = 615/540 = 1.13 \text{ d} = 27 \text{ h} < 30 \text{ h}$$

需投运的浓缩池数量为：

$$n = 1500/5400 = 2.8 \approx 3$$

因此，该厂需投运3座浓缩池，每池的进泥量为540 m^3/d，污泥在每池中的停留时间为27 h。

B　浓缩效果的评价

在浓缩池的运行管理中，应经常对浓缩效果进行评价，并随时予以调节。浓缩效果通常用浓缩比、分离率和固体回收率三个指标进行综合评价。浓缩比系指浓缩池排泥浓度与之入流污泥浓度比，用 f 表示，计算如下：

$$f = C_\mu / C_i \tag{3-3}$$

式中　　C_i——入流污泥浓度，kg/m^3；

　　　　C_μ——排泥浓度，kg/m^3。

固体回收率系指被浓缩到排泥中的固体占入流总固体的百分比，用 η 表示，计算如下：

$$\eta = Q_\mu \cdot C_\mu / (Q_i \cdot C_i) \tag{3-4}$$

式中　　Q_μ——浓缩池排泥量，m^3/d；

　　　　Q_i——入流污泥量，m^3/d。

分离率系指浓缩池上清液量占入流污泥量的百分比，用 F 表示，计算如下：

$$F = Q_e / Q_i = 1 - \eta / f \tag{3-5}$$

式中　　Q_e——浓缩池上清液流量，m^3/d；

　　　　f——污泥经浓缩池后被浓缩了多少倍，可表示经浓缩之后，有多少干污泥被浓缩出来；

　　　　F——经浓缩之后，有多少水分被分离出来。

以上三个指标相辅相成，可衡量出实际浓缩效果。一般来说，浓缩初沉污泥时，f 应大于 2.0，η 应大于 90%。如果某一指标低于以上数值，应分析原因，检查进泥量是否合适，控制的 q_s 是否合理，浓缩效果是否受到了温度等因素的影响。浓缩活性污泥与初沉污泥组成的混合污泥时，f 应大于 2.0，η 应大于 85%。

【实例计算】某处理厂污泥浓缩池，当控制 q_s 为 50 $kg/(m^2 \cdot d)$ 时，得到如下浓缩效果：

入流污泥量为 500 m^3/d，入流污泥的含水率为 98%，排泥量 $Q_\mu = 200\ m^3/d$，排泥的含水率为 95.5%，试评价浓缩效果，并计算分离率。

【解】　$C_i = 2\% = 20\ kg/m^3$　　　$Q_i = 500\ m^3/d$

　　　　$C_\mu = 4.5\% = 45\ kg/m^3$　　$Q_\mu = 200\ m^3/d$

将以上数值代入式（3-3）和式（3-4），可得：

$$f = 45/20 = 2.25 > 2.0$$

$$\eta = 200 \times 45 / (500 \times 20) = 90\%$$

$$F = (500 - 200)/500 = 60\%$$

经计算可知，该浓缩效果较好。污泥被浓缩了 2.25 倍，有 90% 的污泥固体随排泥进入后续污泥处理系统，只有 10% 的污泥固体随上清液流失。经浓缩之后，60% 的上清液中携带 10% 的固体从污泥中分离出来。

C 排泥控制

浓缩池有连续和间歇两种运行方式。连续运行是指连续进泥连续排泥，这在规模较大的处理厂比较容易实现。小型处理厂一般只能间歇进泥并间歇排泥，因为初沉池只能是间歇排泥。连续运行可使污泥层保持稳定，对浓缩效果比较有利。无法连续运行的处理厂应"勤进勤排"，使运行尽量趋于连续，当然这在很大程度上取决于初沉池的排泥操作。不能做到"勤进勤排"时，至少应保证及时排泥。一般不要把浓缩池作为储泥池使用，虽然在特殊情况下它的确能发挥这样的作用。每次排泥一定不能过量，否则排泥速度会超过浓缩速度，使排泥变稀，并破坏污泥层。

3.4.1.3 日常维护管理

浓缩池的日常维护管理，包括以下内容：

（1）由浮渣刮板刮至浮渣槽内的浮渣应及时清除。无浮渣刮板时，可用水冲方法，将浮渣冲至池边，然后清除。

（2）初沉污泥与活性污泥混合浓缩时，应保证两种污泥混合均匀，否则进入浓缩池会由于密度流扰动污泥层，降低浓缩效果。

（3）温度较高，极易产生污泥厌氧上浮。当污水生化处理系统中产生污泥膨胀时，丝状菌会随活性污泥进入浓缩池，使污泥继续处于膨胀状态，致使无法进行浓缩。对于以上情况，可向浓缩池入流污泥中加入 Cl_2、$KMnO_4$、O_3、H_2O_2 等氧化剂，抑制微生物的活动，保证浓缩效果。同时，还应从污水处理系统中寻找膨胀原因，并予以排除。

（4）在浓缩池入流污泥中加入部分二沉池出水，可以防止污泥厌氧上浮，提高浓缩效果，同时还能适当降低恶臭程度。

（5）浓缩池较长时间没排泥时，应先排空清池，严禁直接开启污泥浓缩机。

（6）由于浓缩池容积小，热容量小，在寒冷地区的冬季浓缩池液面会出现结冰现象。此时应先破冰并使之溶化后，再开启污泥浓缩机。

（7）应定期检查上清液溢流堰的平整度，如不平整应予以调节，否则导致池内流态不均匀，产生短路现象，降低浓缩效果。

（8）浓缩池是恶臭很严重的一个处理单元，因而应对池壁、浮渣槽、出水堰等部位定期清刷，尽量使恶臭降低。

（9）应定期（每隔半年）排空彻底检查是否积泥或积砂，并对水下部件予以防腐处理。

3.4.1.4　异常问题分析与排除

现象一：污泥上浮。液面时泡逸出，且浮渣量增多。

其原因及解决对策如下：

（1）集泥不及时。可适当提高浓缩机的转速，从而加大污泥收集速度。

（2）排泥不及时。排泥量太小，或排泥历时太短。应加强运行调度，做到及时排泥。

（3）进泥量太小，污泥在池内停留时间太长，导致污泥厌氧上浮。解决措施之一是加 Cl_2、O_3 等氧化剂，抑制微生物活动，措施之二是尽量减少投运池数，增加每池的进泥量，缩短停留时间。

（4）由于初沉池排泥不及时，污泥在初沉池内已经腐败。此时应加强初沉池的排泥操作。

现象二：排泥浓度太低，浓缩比太小。

其原因及解决对策如下：

（1）进泥量太大，使固体表面负荷 q_s 增大，超过了浓缩池的浓缩能力。应降低入流污泥量。

（2）排泥太快。当排泥量太大或一次性排泥太多时，排泥速率会超过浓缩速率，导致排泥中含有一些未完成浓缩的污泥。应降低排泥速率。

（3）浓缩池内发生短流。能造成短流的原因有很多，溢流堰板不平整使污泥从堰板较低处短路流失，未经过浓缩，此时应对堰板予以调节。进泥口深度不合适，入流挡板，或导流筒脱落，也可导致短流，此时可予以改造或修复。另外，温度的突变、入流污泥含固量的突变或冲击式进泥，均可导致短流，应根据不同的原因予以处理。

3.4.1.5　分析测量与记录

（1）分析项目。

1）含水率（含固量）：浓缩池进泥和排泥，每天3次，取瞬时样。

2）BOD$_5$：浓缩池上清液，每天 1 次，取连续混合样。

3）SS：浓缩池上清液，每天 3 次，取瞬时样。

4）TP：浓缩池上清液，每天 1 次，取连续混合样。

（2）测量项目。

1）温度：进泥及池内污泥。

2）流量：进泥量与排泥量。

（3）计算项目。计算并记录 q_s、T、f、η、F。

3.4.2 气浮浓缩工艺

3.4.2.1 工艺原理及过程

初沉污泥的比重平均为 1.02 ~ 1.03，污泥颗粒本身的比重为 1.3 ~ 1.5，因而初沉污泥易于实现重力浓缩。活性污泥的比重在 1.0 ~ 1.005 之间，活性污泥絮体本身的比重为 1.0 ~ 1.01，泥龄越长，其比重越接近于 1.0。当处于膨胀状态时，其比重甚至会小于 1.0。因而活性污泥一般不易实现重力浓缩。针对活性污泥絮体不易沉淀的特点，可顺其自然，设法使之上浮，以实现浓缩，此即为气浮浓缩工艺的基本原理。向污泥中强制溶入气体，气体产生的大量微小气泡附着在污泥絮体的周围，使其比重小于 1.0，从而使污泥絮体强制上浮，更好地实现了污泥的浓缩。常用的气浮工艺为加压溶气气浮系统。气浮浓缩池分离出的上清液（实际为下清液）进入贮存池，部分清液排至污水处理系统进行处理，另外一部分被加压泵抽取加压。加压后的污水在管路内与空压机压入的空气混合之后，进入溶气罐。在溶气罐内，空气将大部分溶入污水中。溶气后的污水与进入的污泥在管道内混合后进入气浮池。入池后，由于压力剧减，溶气会形成大量的细微气泡，这些气泡将附着在污泥絮体上，使絮体随之一起上升。升至液面的絮体大量积累后形成浓缩污泥，从而实现了污泥的浓缩。常用链条式刮泥机将污泥刮至积泥槽，然后进入脱气池搅拌脱气。脱气的目的是将污泥中的溶气全部释放出来，否则会干扰后续的厌氧消化或脱水。气浮池有矩形和圆形两种，泥量较少时常采用矩形池，泥量较大时常采用圆形辐流气浮池。对于含固量在 0.5% 左右的活性污泥，经气浮浓缩后含固量可超过 4%。由于气浮池中的污泥含有溶解氧，因而其恶臭要较重力浓缩低得多。另外，好氧消化后的污泥重力浓缩性很差，也可用气浮浓缩工艺进行泥水分离，对于氧化沟或硝化等大泥龄工艺所产生的剩余活性污泥，气浮浓缩的优势将更加突出。

3.4.2.2　工艺控制

A　进泥量控制

在运行管理中，必须控制进泥量。如果进泥量太大，超过气浮浓缩系统的浓缩能力，则排泥浓度将降低；反之，如果进泥量太小，则造成浓缩能力的浪费。进泥量可用下式计算：

$$Q_i = q_s \cdot A / C_i \qquad\qquad (3-6)$$

式中　q_s——气浮池的固体表面负荷，$kg/(m^2 \cdot d)$；

　　A——气浮池表面积，m^2；

　　C_i——入流污泥浓度，kg/m^3。

当浓缩活性污泥时，q_s 一般在 $50 \sim 120\ kg/(m^2 \cdot d)$ 范围内，其值与活性污泥的 SVI 值等性质有关。q_s 可由实验确定，也可在运行实践中得出适合本厂污泥的负荷值。

B　气量的控制

气量控制将直接影响排泥浓度的高低。一般来说，溶入的气量越大，排泥浓度也越高，但能耗也相应增高。气量可用下式计算：

$$Q_a = Q_i \cdot C_i \cdot (A/S) / \gamma \qquad\qquad (3-7)$$

式中　Q_i，C_i——入流污泥的流量和浓度，m^3/d 和 kg/m^3；

　　γ——空气容重，kg/m^3，与温度有关，见表3-2；

　　A/S——气浮浓缩的气固比，系指单位重量的干污泥量在气浮浓缩过程中所需的空气重量。

表 3-2　空气在水中的溶解度及容重（1 atm[①]）

温度/℃	溶解氧/$m^3 \cdot m^{-3}$	容重/$kg \cdot m^{-3}$
0	0.0288	1.252
10	0.0226	1.206
20	0.0187	1.164
30	0.0161	1.127
40	0.0142	1.092

① 1 atm = 101325 Pa。

A/S 值与要求的排泥浓度有关系，*A/S* 值越大排泥浓度越高。

对于活性污泥，*A/S* 值一般为 0.01 ~ 0.04。*A/S* 值与污泥的性质关系很大，当活性污泥的 SVI > 350 时，即使 *A/S* > 0.06，也不可能使排泥含固量超过 2%。当 SVI 在 100 左右时，污泥的气浮浓缩效果最好。表 3-3 为不同气固比 *A/S* 值对应的排泥浓度。处理厂可通过试验或运行实际，并针对后续处理工艺对浓缩的要求，确定出适合本厂情况的 *A/S* 值。

表 3-3 不同气固比 *A/S* 值对应的排泥浓度（SVI = 100）

气固比	0.010	0.015	0.020	0.025	0.030	0.040
排泥浓度/%	1.5	2.0	2.8	3.3	3.8	4.5

C 加压水量控制

加压水量应控制在合适范围内。水量太少，溶解气体太少，不能起到气浮效果；水量太多，不仅能升高气浮效果，也可能影响细气泡的形成。加压水量可由下式计算：

$$Q_w = (Q_i \cdot C_i \cdot A/S)/[C_s \cdot (\eta P - 1)] \qquad (3-8)$$

式中 Q_w——加压水量，m^3/d；

Q_i——入流污泥量，m^3/d；

C_i——入流污泥的浓度，kg/m^3；

C_s——1 大气压下空气在水中的饱和溶解度，kg/m^3；

P——溶气罐的压力，一般控制在 3 ~ 5 atm❶；

η——溶气效率，即加压水的饱和度，与压力有关系，在 3 ~ 5 atm 下，一般为 50% ~ 80%。

D 水力表面负荷的控制

通过以上各步确定了进泥量、空气量及加压水量之后，还应对气浮池进行水力表面负荷的核算。水力表面负荷 q_h 可用下式计算：

$$q_h = (Q_i + Q_w)/A \qquad (3-9)$$

式中 Q_i，Q_w——入流污泥和加压水的流量，m^3/d；

A——气浮池的表面积，m^2。

---

❶ 1 atm = 101325 Pa。

对活性污泥，q_h 一般应控制在 $120 \ m^3/(m^2 \cdot d)$ 以内，q_h 如果太高，使上清液的固体浓度明显升高。另外，污泥在气浮池内的停留时间也影响浓缩效果。停留时间 T 可计算如下：

$$T = A \cdot H/(Q_i + Q_w) \qquad (3\text{-}10)$$

式中　　H——气浮池的有效深度，m。

对活性污泥，要得到较好的气浮浓缩效果，一般应控制 $T \geqslant 20 \ min$。

【实例计算】 某处理厂设有 4 座气浮浓缩池，每座池的尺寸为 $B \times L \times H = 12 \ m \times 3 \ m \times 4 \ m$。该厂污水处理产生的剩余活性污泥含固量为 0.5%，欲将其浓缩至 4%，则气浮池的固体表面负荷 q_s 应为 $80 \ kg/(m^2 \cdot d)$，气固比 A/S 为 0.035，溶气罐内压力应保持在 4 个大气压，此时溶气效率可为 75%。试计算 20 ℃，剩余污泥产量为 1700 m^3/d 时，应投运的气浮池数量及每池的溶气量和加压水量。

【解】 已有数据整理如下：$Q_i = 1700 \ m^3/d$，$C_i = 0.5\% = 5 \ kg/m^3$，$q_s = 80 \ kg/(m^2 \cdot d)$，$A/S = 0.035$，$P = 4 \ atm$，$\eta = 75\%$，$A = 12 \times 3 = 36 \ m^2$，$H = 4 \ m$。

查表3-2，得 20 ℃时，$\gamma = 1.164 \ kg/m^3$，$C_s = 1.164 \times 0.0187 = 0.02 \ kg/m^3$。

(1) 将 C_i、A 和 q_s 值代入式 (3-6)，得每池的允许进泥量。

$$Q_i = 80 \times 36/5 = 576 \quad (m^3/d)$$

(2) 需投运气浮池的数量。

$$n = 1700/576 = 2.95 \approx 3 \ \text{座}$$

(3) 将 Q_i、C_i、A/S、γ 代入式 (3-7)，得每池所需溶气量。

$$Q_a = 576 \times 5 \times 0.035/1.146 = 88 \quad (m^3/d)$$

(4) 将 Q_i、A/S、C_i、C_s、η、P 值代入式 (3-8)，得每池所需溶气水量。

$$Q_w = 576 \times 0.035 \times 5/[0.02 \times (0.75 \times 4 - 1)] = 2520 \quad (m^3/d)$$

(5) 将 Q_i、Q_w、A 值代入式 (3-9)，得水力表面负荷。

$$q_h = (576 + 2520)/36 = 86 \ m^3/(m^2 \cdot d) < 120 \ m^3/(m^2 \cdot d)$$

(6) 将 Q_i、Q_w、A、H 值代入式 (3-10)，得停留时间。

$$T = 36 \times 4/(576 + 2520) = 0.046 \ d = 66 \ min > 20 \ min$$

因此，该厂需将 3 座气浮池投入运行，每池所需溶气量为 88 m^3/d，所需加压水量为 2520 m^3/d。

E　刮泥控制

运行正常的气浮池，液面之上会形成很厚的污泥层。污泥层厚度与刮泥周期有关，刮泥周期越长（即刮泥次数越少），泥层越厚，污泥的含固量也越高。泥层厚度常为 0.2 ~ 0.6 m，越往上层，含固量越高，平均含固量一般在 4% 以上。一般情况下，泥层厚度增至 0.4 m 时，即应开始刮泥。虽然使厚度增高，可继续提高含固量，但高含固量的污泥不易刮除。刮泥机的刮泥速度不宜太快，一般应控制在 0.5 m/min 以下。每次刮泥深度不宜太深，可浅层多次刮除。如果总泥层厚度为 0.4 m，则刮至 0.2 m 时即应停止，否则可使泥层底部的污泥，带着水分翻至表面，影响浓缩效果。

入流污泥中的固体，并不全部被浮至表面，约有近 1/3 的泥量仍继续沉至气浮池底部，这部分主要是一些无机成分，包括沉砂池未去除的一些细小沉砂。一些不设初沉池的延时曝气工艺系统，例如氧化沟工艺，其产生的剩余活性污泥中，沉至气浮池底的污泥可能还会超过 1/3。由于以上原因，气浮池底部一般也必须设置刮泥机，将沉下的污泥及时刮除。

3.4.2.3 异常问题的分析及排除

现象一： 气浮污泥的含固量太低。

其原因及解决对策如下：

（1）刮泥周期太短，刮泥太勤，不能形成良好的污泥层，应降低刮泥频率，延长刮泥周期。

（2）溶气量不足。溶气不足，导致气固比降低，因此气浮污泥的浓度也降低，应增大空压机的供气量。

（3）入流污泥超负荷。入流污泥量太大或浓度太高，超过了气浮浓缩能力，应降低进泥量。

（4）入流污泥 SVI 值太高。SVI 值为 100 左右时，气浮效果最好，这一点与重力浓缩是一致的。当 SVI 值大于 200 时，浓缩效果将降低。此时应采取的措施之一是向入流污泥中投入适量混凝剂，暂时保证浓缩效果；措施之二是从污水处理系统中寻找 SVI 值升高的原因，针对原因，予以排除。

现象二： 气浮分离清液含固量升高。正常运行时，分离液的 SS 应在 500 mg/L 之下，当超过 500 mg/L 时，即属异常。

其原因及解决对策如下：

（1）超负荷。入流污泥量太多或含固量太高，超过了系统浓缩能力，应适当降低入流污泥量。

（2）刮泥周期太长。如果长时间不刮泥，使气浮污泥层过厚，也将影响浓缩效果，导致分离液 SS 升高，此时应立即刮泥。

（3）溶气量不足。气固比太低，应增大溶入的气量。

（4）池底积泥，腐败酸化。池底的排泥常常得不到重视。池底积泥时间太长，会影响浓缩效果直接导致分离液 SS 升高，应加强池底积泥的排除。

3.4.2.4　分析测量与记录

（1）分析项目如下。

含水率（含固量）：气浮池的进泥和排泥，每天数次瞬时样。

BOD_5：分离清液，每天 1 次，取连续混合样。

SS：分离清液，每天 3 次，取瞬时样。

（2）测量项目如下。

温度：环境温度和污泥温度。

流量：溶入每池的空气流量，加压水量，进泥量和排泥量。

（3）计算项目如下。计算并记录 q_s、q_h、S/A、T 等参数值。

3.4.3　离心浓缩工艺

重力浓缩的动力是污泥颗粒的重力，气浮浓缩的动力是气泡强制施加到污泥颗粒上的浮力，而离心浓缩的动力是离心力。由于离心力是重力的 500～3000 倍，因而在很大的重力浓缩池内要经十几小时才能达到的浓缩效果，在很小的离心机内就可以完成，且只需十几分钟。对于不易重力浓缩的活性污泥，离心机可借其强大的离心力，使之浓缩。活性污泥的含固量在 0.5% 左右时，经离心浓缩，可增至 6%。离心浓缩过程封闭在离心机内进行，因而一般不会产生恶臭。对于富磷污泥，用离心浓缩可避免磷的二次释放，提高污水处理系统总的除磷率。

离心浓缩工艺最早始于 20 世纪 20 年代初，当时采用的是最原始的筐式离心机。后经过盘嘴式等几代更换，现在普遍采用的为卧螺式离心机。离心脱水也是一种常用的污泥脱水工艺，采用的离心机与用于浓缩的离心机的原理和形式基本一样，其差别在于离心浓缩机用于浓缩活性污泥时，一般不需加入絮凝剂调质，而离心脱水机则要求必须加入絮凝剂进行调质。当然，如果要求浓缩污泥含固量大于 6%，则可适量加入部分絮凝剂，以提高含固量；但切忌加药过量，否则易造成浓缩污泥泵送困难。

3.5 污泥脱水工艺比较分析

城市污水处理厂的污泥经浓缩处理后，一般含水率为95%~97%。脱离出污泥中的空隙水，这部分水约占污泥中总含量的15%~25%，但体积仍很大，外运或处置仍很困难。浓缩污泥、消化污泥经脱水后，含水率可达75%~80%，将污泥中的吸附水和毛细水分离出来，体积降至浓缩前的1/10，脱水前的1/5左右。可见，经脱水后污泥体积大为缩小，不但减轻了对环境的二次污染，也为污泥的运输、处置和综合利用创造了较为有利的条件。

污泥机械脱水主要有带式压滤脱水机、板框式压滤机、离心脱水机、叠螺式脱水机和螺压脱水机等。常用在对初沉污泥、剩余污泥和消化污泥的脱水处理。

3.5.1 带式脱水机

带式压滤脱水机的工作原理及构造：该机是由上下两条张紧的滤带夹带着污泥层，从一连串按规律排列的辊压筒中呈S形经过，靠滤带本身的张力形成对污泥层的压榨力和剪切力，把污泥层中的毛细水挤压出来，获得含固量较高的泥饼，从而实现污泥脱水。带式压滤脱水机是连续运转的固液分离设备，它由机架、动力传系统、进泥系统、加药系统、水冲洗系统和启动纠偏系统组成。污泥经絮凝、重力（低真空）脱水、低压脱水和高压脱水后，形成含水率小于80%的泥饼，泥饼随滤布运行到卸料辊时落下。带式压滤脱水机示意图如图3-1所示。

（1）特点及适用范围。

1）靠滤布的张力和压力使污泥脱水，无需真空或加压设备，动力消耗小，可连续生产。

2）化学调质预处理，使污泥和絮凝剂充分混合絮凝，决定脱水效果的好坏；经过带式浓缩脱水，含固率可以增至20%。

3）维修较方便且费用低，噪声较低；絮凝剂药剂消耗小、品质要求相对低。

4）具备很强的可调性，其进泥量、滤布速度、滤布张力、加药量均可进行有效调节。

（2）基本技术参数。

1）滤带宽度：500~3500 mm。

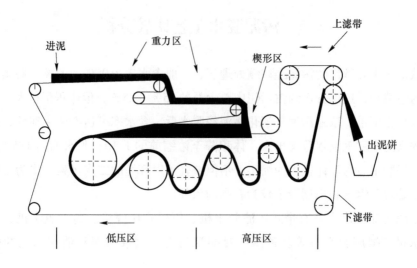

图 3-1　带式压滤脱水机示意图

2）处理能力：100～800 kg 干泥/（m² · h）。

3）滤带速度：0.5～5 m/min。

4）滤带的使用寿命应大于 3000 h。

（3）正常运行的标准。

1）絮凝剂投加量为 3‰～5‰（纯药量/干泥量）。

2）控制脱水后污泥含水率 70%～80%。

3）污泥固体回收率应大于 80%。

4）脱水机实际处理能力应达到设计处理能力的 75% 以上。

5）滤带偏离中心线两边在 10～15 mm，最大偏移不能超过 40 mm。

6）泥饼厚度大于 5 mm，不粘滤布。

（4）运行管理及操作要点。

1）根据泥质和脱水效果的要求，反复调整带速、张力和加药量等参数，以确定投泥量和进泥固体负荷。

2）开机前、后应对设备设施及辅助系统进行充分检查，至少冲洗 5 min 以上。

3）控制进泥含水率波动尽量小，一般为 95%～97%。

4）絮凝剂调制时间应大于 30 min，在干燥环境中存放，根据投加比例来配置絮凝剂浓度，浓度不宜超过 3‰，尽量当天配置当天使用，如溶液呈现乳白色，说明溶液变质已失效，应停止使用。

5）通过调节进泥泵转速、频率、闸门开启度等来控制进泥量，开机过程中每小时至少巡视一次，视脱水系统效果及时调节控制进泥量和絮凝剂投加量。

6）絮凝剂的选择取决于与设备结构类型和运转工况的匹配，只有三者得到最佳的运转组合，才能实现最低絮凝剂消耗情况下，最佳的处理效果和最高的处理效率，定期进行污泥比阻试验，进行经济技术分析后选择絮凝剂。

7）做好脱水机的维护保养工作，保持设备设施整洁，对絮凝剂投加系统应经常清理，防止药液堵塞，注意防滑，同时应将撒落在池边、地面的药剂清理干净。

8）脱水机冲洗水压力宜超过 0.4 MPa。

9）脱水机气动压力宜超过 0.5 MPa。

10）脱水机液压压力宜超过 0.6 MPa。

11）泥药混合器的频率应设置合理，应保持泥药混合均匀，絮体结实，颗粒大，泥水分离界面明显。

12）开机过程中应注意滤带是否跑偏，视情况手动或自动启动纠偏系统。

13）注意观察滤带的损坏情况，并及时更换新滤带。

14）脱水机房内的恶臭气体必须进行处理，除腐蚀设备外，严重影响操作人员身体健康。

15）每班测量及记录：进泥量及含水率、泥饼的产量及含固率、滤液的流量及水质、（SS、BOD_5、TN、TP）、絮凝剂投加量、冲洗水水量等。

16）各气阀、各气缸、管道通畅，联结处不得漏气，工作可靠不漏气，滤布张紧度适中，滤布张力阀、控制导向阀、复位导向阀启动正常，运行时，上、下滤布能自动调偏。

17）脱水机运行中不得有异音和局部高温情况。

18）各轴辊运转正常，轴承润滑充分。

19）搅拌器无级变速灵敏、可靠、叶片无变形。

20）冲洗水管路、喷嘴通畅，水要成为雾状，水管连接处不得漏水，滤布冲洗干净。

21）刮板紧贴滤布。

（5）常见问题及对策。带式脱水机常见问题及对策见表 3-4。

表 3-4　带式脱水机常见问题及对策

常见问题	现象	原因分析	对策
气路和气动元件的故障	滤带跑偏得不到有效控制	(1) 纠偏装置失灵; (2) 两侧换向阀安装位置不对; (3) 辊筒轴线不平行	(1) 检查纠偏装置是否正常; (2) 调整安装位置; (3) 调整辊筒轴线平行度
脱水泥饼效果差,固体回收率低	(1) 滤带两侧跑泥; (2) 泥饼厚度较薄,含水率高; (3) 脱水机滤液浑浊	(1) 进泥量太大; (2) 污泥含水率太高; (3) 带速慢; (4) 楔形区调整不当; (5) 絮凝剂投加比例不当; (6) 污泥管路堵塞; (7) 投泥泵故障	(1) 减小进泥量; (2) 调整污泥浓缩池(机)运行工况; (3) 提高带速; (4) 重新调整上下滤布压力; (5) 调整絮凝剂投药比例,重新做污泥比阻试验,选择絮凝剂; (6) 清通管道; (7) 查修投泥泵
滤带经常跑偏	内、外网滤带偏移	(1) 进泥不均匀; (2) 辊筒局部损坏或者过度损坏; (3) 纠偏装置失灵; (4) 空压机故障压力不足	(1) 调整进泥口; (2) 检查辊筒或者更换; (3) 检查纠偏装置; (4) 检查维修空压机
滤带打褶	滤带起褶	(1) 滤带张紧不当; (2) 辊筒轴线不平行; (3) 辊筒表面腐蚀不平	(1) 重新调整滤带压力; (2) 调整辊筒轴线; (3) 橡胶修补辊筒
滤布堵塞严重	滤带有泥,冲洗不干净	(1) 冲洗水泵压力过低; (2) 喷嘴堵塞; (3) 加药过量,黏度增加; (4) 污泥含砂量太高	(1) 检查管路及水泵压力; (2) 清理冲洗管道和喷嘴; (3) 降低絮凝剂投加量; (4) 提高污水厂除砂效果; (5) 彻底酸洗清洗滤带
絮凝作用效果不良	混合器泥药混合效果差,絮凝体小,泥水分离不清	(1) 絮凝剂投加太多或太少; (2) 稀释水供给比例不正确; (3) 混合搅拌器故障或管道混合器堵塞	(1) 检查和调整絮凝剂的供给比例; (2) 检查和调整供应比例或者调整搅拌箱搅拌桨转速; (3) 检修混合搅拌器和清理管道混合器

续表 3-4

常见问题	现象	原因分析	对策
泥饼剥离效果差	滤饼黏附滤带上	(1) 进泥量小,滤饼厚度太薄; (2) 絮凝剂投加量大; (3) 刮板磨损; (4) 滤带没有清洗干净	(1) 见絮凝剂作用不良处理对策; (2) 更换刮板; (3) 详见滤布堵塞严重处理对策; (4) 调整进泥量和絮凝剂投加量
滤带打滑	滤带打滑	(1) 进泥超负荷; (2) 滤带张力小; (3) 辊压筒坏	(1) 降低负荷; (2) 适当增加张力; (3) 修复或更换辊压筒

3.5.2 板框脱水机

板框脱水机由带有滤液通路的滤板和滤框组成,每组滤板和滤框中间夹有滤布,用可动端把滤板和滤框压紧,使滤板和滤框之间构成一个压滤室,污泥从料液进口流入,水通过滤板从滤液排出口流出,滤饼将挤压堆积在框架滤布上,滤板和滤框松开后,泥饼就很容易从滤框内剥落下来或用铲子从滤布上铲掉。

板框脱水机示意图如图 3-2 所示。

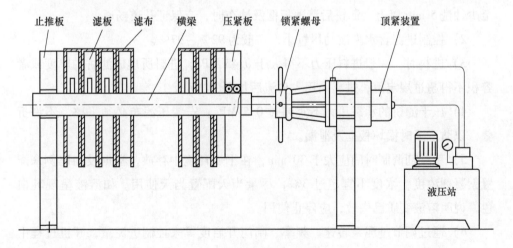

止推板　滤板　滤布　横梁　压紧板　锁紧螺母　顶紧装置

液压站

图 3-2　板框脱水机示意图

(1) 特点及适用范围。

1) 板框脱水机适用于较小污泥处理量的各种性质污泥。

2）脱水泥饼含水率低，滤液清晰，固体回收率高。

3）机构造相对简单，维修维护方便。

4）可以实现连续自动运行，运行操作趋于方便。

5）滤布要求较高，易堵塞，冲洗水需要使用高压水泵。

（2）基本技术参数。

1）处理能力：$1.5 \sim 4$ kg 干泥$/(\text{m}^2 \cdot \text{h})$。

2）主机电机功率：$2.2 \sim 11$ kW。

3）过滤面积：$6 \sim 500$ m^2。

4）过滤压力：$\leqslant 0.6$ MPa。

5）滤室容积：$90 \sim 1200$ L。

6）最大滤饼厚度：$20 \sim 30$ mm。

（3）正常运行的标准。

1）絮凝剂投加量为 3‰ ~5‰（纯药量/干泥量）。

2）控制脱水后污泥含水率为 35% ~60%。

3）污泥固体回收率应大于 90%。

（4）运行管理及操作要点。

1）开机前、后应对设备设施及辅助系统进行充分检查，检查滤布有无破损，至少冲洗 5 min 以上，卸饼后清洗板框及滤布时，应保证孔道畅通。

2）控制进泥含水率波动尽量小，一般为 92% ~97%。

3）进料时，一般进料压力不得大于 0.45 MPa，进料所形成滤饼的厚度或者容积不得超过规定值，进料采用先自流后加压的方法。

4）压干滤饼的承载压力不宜超过 0.5 MPa。安装压滤布必须平整，不许折叠，以防压紧时损坏板框及泄漏。

5）絮凝剂调制时间应大于 30 min，在干燥环境中存放，根据投加比例来配置絮凝剂浓度，浓度不宜超过 3‰，尽量当天配置当天使用。如溶液呈现乳白色，说明溶液变质已失效，应停止使用。

6）通过调节进泥泵转速、频率、闸门开启度等来控制进泥量，开机过程中每小时至少巡视一次，视脱水系统效果及时调节控制进泥量和絮凝剂投加。

7）絮凝剂的选择取决于与设备结构类型和运转工况的匹配，只有三者得到最佳的运转组合，才能实现最低絮凝剂消耗情况下，最佳的处理效果和最高的处理效率，定期进行污泥比阻试验，进行经济技术分析后选择絮凝剂。

8）做好脱水机的润滑保养工作，保持设备设施整洁，对溶药系统应经常清洗，防止药液堵塞，注意防滑，同时应将撒落在池边、地面的药剂清理干净。

9）脱水机冲洗水压力宜超过 0.4 MPa。

10）泥药混合器的频率应设置合理，应保持泥药混合均匀，絮体结实，颗粒大，泥水分离界面明显。

11）加强板框压滤脱水机房室内通风，增大换气次数，降低恶臭气体对设备的腐蚀，应对恶臭气体进行密闭收集和处理。

（5）常见问题及对策。板框压滤脱水机常见问题及对策见表3-5。

表 3-5 板框压滤脱水机常见问题及对策

常见问题	现　象	原因分析	对　策
单个滤室漏液	单个滤室漏液	（1）滤板/框封面或滤布有损坏； （2）密封面存在污垢； （3）滤布在密封面有皱褶； （4）滤布孔偏歪； （5）部分新滤布； （6）进料压力超值； （7）压滤机压紧力大	（1）更换滤布或滤板； （2）消除密封面污垢； （3）平整滤布； （4）调整滤布孔位； （5）使用数次后会正常； （6）调整进料压力（一般在 0.4 MPa）； （7）调整压紧压力
滤板、滤框变形	滤板、滤框变形	（1）进料管道堵塞、过滤压差大； （2）温度超值； （3）压紧力太大； （4）进料时间长，滤室内充盈量过多； （5）密封面存有污垢	（1）检查滤布进料孔是否错位； （2）降低温度值（一般在 100 ℃）； （3）减小压紧力； （4）缩短进料时间； （5）清理密封面污垢
头尾板漏液	头尾板漏液	（1）头尾板固定螺钉塑封处有裂缝； （2）进出液衬管破裂或焊接处有裂缝	（1）重做塑料焊接； （2）更换进出液衬管或重新焊接

3.5.3 离心脱水机

离心机是继板框压滤机和带式压滤机之后，又一代新型先进的污泥脱水设备。离心式污泥脱水机主要由转鼓、螺旋、差速系统、液位挡板、驱动系统及控制系统等组成。

离心式污泥脱水机是利用固液两相的密度差，在离心力的作用下，加快固相颗粒的沉降速度来实现固液分离的。离心脱水中脱水的推动力是离心力，推动的对象是固相，离心力的大小可控制，比重力大几百倍甚至几万倍，因此脱水的效果也比浓缩好。

离心脱水机示意图如图 3-3 所示。

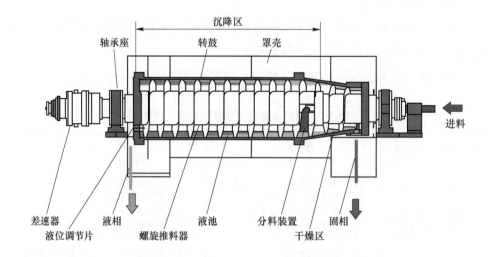

图 3-3　离心脱水机示意图

（1）特点及适用范围。

1）离心机结构紧凑，附属设备少，占地小。

2）进泥含水率适应范围大，单机处理能力大，泥饼含水率低且相对稳定。

3）可全自动连续运行，日常维护简单，运行管理方便。

4）在密闭状态下运行，不产生恶臭，卫生环境好，但噪声较大。

5）冲洗水量小，但能耗大。

6）污泥中含有砂砾，则易磨损设备。

（2）基本技术参数。

1）转鼓直径：200～520 mm。

2）处理能力：6～50 m^3/h。

3）转鼓转速：1600～4000 r/min。

4）差转速：5～50 r/min。

5）分离因数：一般在 500～3500。

6）主机电机功率：5.5 ～ 110 kW。

（3）正常运行的标准。

1）絮凝剂投加量为 2‰ ～ 5‰（纯药量/干泥量）。

2）脱水后污泥含水率为 65% ～ 75%。

3）污泥固体回收率应大于 90%。

4）脱水机实际处理能力应达到设计处理能力的 75% 以上。

（4）运行管理及操作要点。

1）根据泥质和泥量发生的变化，为保证脱水效果，应及时调整离心机的工作状态，包括：转速、转速差、液环层百度、絮凝剂投加量和进泥量。

2）运行中经常检查和观测的项目有油箱的油位，轴承的油数量、冷却水及油的温度、设备的震动情况、电流读数等，如有异常，立即停车检查。

3）离心机正常停车时，先停止絮凝剂投加、进泥，继而注入冲洗水或一些溶剂，继续运行 10 min 以后，再停车，并在转轴停转后再停止冲洗水的注入，并关闭润滑油系统和冷却系统，当离心机再次启动时，应确保机内冲刷干净。

4）离心机进泥中，污泥切割机应同时运行，一般不允许大于 0.5 cm 的浮渣进入，也不允许 65 目（0.23 mm）以上的砂粒进入，因此应加强前级预处理系统对渣砂的去除。

5）开机过程中每小时至少巡视一次，污泥浓度发生变化要及时调整絮凝剂流量和差速度，污泥流量加大或污泥浓度增加，絮凝剂流量跟踪增加，差速度相应加大，污泥流量下降或污泥浓度降低，絮凝剂流量跟踪降低，差速度相应减少。

6）离心机的处理能力控制在适当的范围内，结合污泥流量、絮凝剂流量和差数度进行调节，避免由于负荷突然增加造成设备过载使系统频繁波动和影响处理效果，同时又能够实现较大的设备处理效率。

7）离心机脱水效果受温度影响很大，北方地区冬季泥饼含固量一般比夏季低 2% ～ 3%，因此冬季应注意增加污泥投药量。

8）泥饼含水率要结合扭矩数据来确定最佳差速度数值范围，原则上在不造成离心机堵塞和满足处理能力情况下尽量使用较低差速度来实现更好的处理效果和节省絮凝剂消耗。

（5）常见问题及对策。离心脱水机常见问题及对策见表 3-6。

表 3-6　离心脱水机常见问题及对策

常见问题	现象	原因分析	对策
固体回收率低	分离液浑浊，排放废水污泥浓度高	（1）进泥量太大； （2）转速差太大； （3）含固体量超负荷； （4）转鼓转速太低； （5）机械磨损严重，机器老化； （6）液环层厚度薄	（1）降低进泥泵频率，减少进泥量； （2）调整频率，降低转速差； （3）调节储泥池进泥，降低进泥含水率； （4）调增转鼓电机频率，检修变频器或电机； （5）维修更换部件
泥饼含水率高	出泥成流态，不呈固态	（1）进泥量太大； （2）加药量少或太大； （3）转鼓转速太低； （4）转速差太大	（1）降低进泥泵频率，减少进泥量； （2）选择合适絮凝剂，调整加药量； （3）调增转鼓电机频率，检修变频器或电机； （4）调整差速器频率，降低转速差
设备噪声大	振动和噪声大	（1）轴承和机械密封损坏； （2）转鼓黏附污泥； （3）转鼓磨损； （4）基座松动	（1）更换轴承或机械密封； （2）停止进泥进行自动冲洗，打开机盖人工清除转鼓污泥； （3）大修更换转鼓，进行动平衡试验矫正； （4）检查螺栓，紧固螺母，更换减震垫
离心机扭矩过大	报警停机	（1）进泥量太大或进泥含水率太低； （2）转速太小，出泥不及时； （3）润滑系统故障	（1）降低进泥泵频率，减少进泥量，调节污泥浓度； （2）调整差速器频率，增大转速差，检修差速器； （3）轴承加注黄油，更换轴承，检修齿轮箱
滤液混浊	出泥成粥状	（1）进泥量大； （2）溢流半径大； （3）差转速小	根据分析原因，采取相应对策
处理率低	处理泥量低于额定能力	（1）设备运行技术参数设定不合理； （2）进泥泥质与设计偏差太大	（1）重新研究设定设备运行技术参数； （2）选择适应进泥泥质的絮凝剂

3.5.4　叠螺脱水机

叠螺式脱水机是由固定环、游动环相互层叠，螺旋轴贯穿其中形成的过滤主体。通过重力浓缩以及污泥在推进过程中受到背压板形成的内压作用实现充分脱水，滤液从固定环和活动环所形成的滤缝排出，泥饼从脱水部的末端排出。

叠螺脱水机示意图如图 3-4 所示。

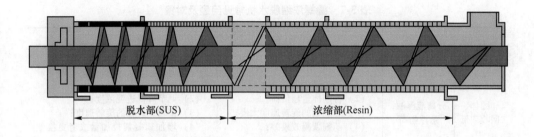

脱水部(SUS)　　　　　浓缩部(Resin)

图 3-4　叠螺脱水机示意图

（1）特点及适用范围。

1）叠螺污泥浓缩脱水机占地空间小，无需建污泥浓缩池以及贮泥池，重量小，便于搬运。

2）进泥浓度适用于高低，不容易堵塞，冲洗水量小。

3）能耗低，能连续运行，维护简单，维修量小，噪声低。

4）不擅长颗粒大、硬度大的污泥的脱水，处理量较小。

但因其设备进入国内市场比较晚，所以现在市场的占有率非常低，目前在小规模的污水处理厂应用较多。

（2）基本技术参数。

1）处理能力：2 ~ 100 m³/h。

2）主机电机功率：0.37 ~ 8.8 kW。

3）螺旋直径：100 ~ 350 mm。

（3）正常运行的标准。

1）絮凝剂投加量为 3‰ ~ 6‰（纯药量/干泥量）。

2）脱水后污泥含水率为 75% ~ 80%。

3）污泥固体回收率应大于 80%。

（4）运行管理及操作要点。

1）控制进泥量均衡，调整好絮凝剂投加量，保证絮凝反应器搅拌器运行。

2）控制进泥含水率波动小。

3）冲洗系统正常，冲洗水压力宜控制在 0.1 ~ 0.2 kPa。

4）定期清理搅拌桨叶和螺旋缠绕物。

（5）常见问题及对策。叠螺浓缩脱水机常见问题及对策见表3-7。

表 3-7　叠螺浓缩脱水机常见问题及对策

常见问题	现　象	原因分析	对　策
固体回收率低	分离液浑浊，悬浮物高	（1）进泥量太大； （2）含固体量超负荷； （3）螺旋轴的旋转速度太慢； （4）药剂絮凝果差； （5）机械磨损严重	（1）通过闸门，控制液位，调节降低进泥量； （2）调节降低进泥浓度； （3）调增螺旋轴的旋转速度； （4）增加絮凝剂投加量或者更换絮凝剂种类； （5）更换动静环或螺旋轴
泥饼含水率高	泥饼含水率高于设计要求	（1）进泥量太大； （2）加药量少或太大	（1）通过液位调节降低进泥量； （2）选择合适絮凝剂，调整加药量； （3）调整背压板间隙
脱水泥饼无法排出	进泥量正常，污泥从动静环间隙挤出	（1）脱水机的背压板间隙太小，是否全关闭； （2）螺旋轴的驱动电机不正常； （3）螺旋轴驱动电机的旋转方向不对	（1）调整背压板的间隙太小，不能低于 0 mm； （2）检查驱动电机是否正常； （3）检查接线，电机是否逆转

3.5.5　螺压脱水机

螺压式脱水机是由不同缝隙的圆锥形及圆柱形筛网组成。圆锥形的螺压作用是使污泥对外压力逐步增大而脱水，滤饼体积连续变小，以使过滤功能减弱并使污泥脱水效率提高。背压的控制将由无级调速的旋转螺杆及气压顶锥实现。

待处理的污泥通过泵送入泥药混合器，絮凝污泥在过滤装置中随着螺杆的旋转，在重力和螺旋杆的挤压作用下，污泥在推进过程中受到挤压作用实现充分脱水，滤液从滤网排出，泥饼从脱水机的顶端排出。

螺压脱水机示意图如图3-5所示。

（1）特点及适用范围。

1）螺压污泥浓缩脱水机占地空间小，脱水污泥含水率能达到60%以下。

2）安装和维修方便，不容易堵塞，冲洗水量小。

3）能耗低，能自动连续运行，噪声低，无气味溢出，操作环境好。

（2）基本技术参数。

1）处理能力：2 ~ 15 m³/h。

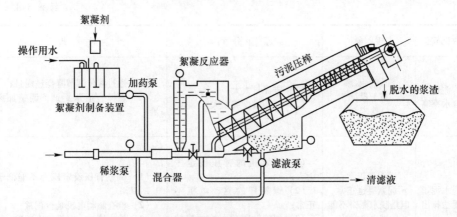

图 3-5 螺压脱水机示意图

2) 主机电机功率：3~25 kW。

3) 螺旋杆直径：100~350 mm。

（3）正常运行的标准。

1) 絮凝剂投加量为 3‰~6‰（纯药量/干泥量）。

2) 控制脱水后污泥含水率为 55%~75%。

3) 污泥固体回收率应大于 90%。

（4）运行管理及操作要点。

1) 脱水系统无需配备高压水冲洗装置，冲洗水压力宜控制在 0.1~0.2 kPa，喷嘴无堵塞。

2) 脱水系统污泥挤出口压力宜控制在 0.1~0.2 MPa。

3) 脱水系统污泥压入口压力宜控制在 5~20 kPa。

4) 定期清理搅拌桨叶和螺旋缠绕物。

（5）常见问题及对策。螺压脱水机常见问题及对策见表 3-8。

表 3-8 螺压脱水机常见问题及对策

常见问题	现　象	原　因　分　析	对　　策
固体回收率低	分离液浑浊，固体回收率低	（1）机械磨损严重，进泥量太大； （2）含固体量超负荷； （3）螺旋压入口压力太高； （4）絮凝剂投加比例失调，药剂絮凝效果差	（1）维修更换部件，通过液位调节降低进泥量； （2）通过调节进泥泵频率降低进泥量； （3）调低螺旋压入口压力； （4）增加絮凝剂投加量或者更换絮凝剂种类

常见问题	现　象	原 因 分 析	对　　策
泥饼含水率高	泥饼含水率高于设计要求	(1) 进泥量太大； (2) 加药量少或太大	(1) 通过液位调节降低进泥量； (2) 选择合适絮凝剂，调整加药量
脱水泥饼无法排出	进泥量正常，污泥絮凝也正常，但是脱水泥饼不能从排出口排出	(1) 脱水机的背压设定压力大； (2) 螺旋杆的驱动电机不正常； (3) 螺旋轴驱动电机的旋转方向不对	(1) 调整背压设定压力不能低于0.1 MPa； (2) 检查驱动电机是否正常； (3) 检查接线，电机是否逆转
螺旋过扭矩	螺旋驱动电机过负载控制器动作	(1) 脱水机内部堵塞； (2) 含固体量超负荷，进泥量大； (3) 有异物进入； (4) 机械故障	(1) 检查筛网内部，清扫并确认运转条件； (2) 手动操作螺旋杆正转反转后再运行，通过调节进泥泵频率降低进泥量； (3) 检查筛网内部，清扫； (4) 检修脱水机
脱水机不运转	在规定时间内机器不启动	(1) 控制不良； (2) 设定时间不正确	(1) 重新启动，手动操作进行动作确认； (2) 检查维修控制系统； (3) 确认或修改设定值

3.6　污泥处理与资源化处理现状

3.6.1　我国污泥处理与利用现状

　　从我国已建成运行的城市污水厂来看，污泥处理工艺大体可归纳为表 3-9 所示工艺流程。我国各污水处理厂污泥处理方法见表 3-10。各污水处理厂污泥处置方式见表 3-11。目前，我国常用的污泥处理方法有：浓缩、污泥调理、厌氧消化、脱水、堆肥等处理技术。污泥最终处置方式有填埋、焚烧、农用和园林、花卉绿化等方式。在我国，基本还是以填埋和农用为主。

表3-9 污水处理厂污泥处理情况

处理工艺	脱水	浓缩	浓缩 + 脱水	采用了稳定处理
污水厂个数/个	84	7	25	23
所占比例/%	60.4	14.42	18.0	16.6

表3-10 国内已建城市污水处理厂污泥处理工艺

编号	污泥处理流程	应用比例/%
1	浓缩池-最终处置	21.63
2	双层沉淀池污泥-最终处置	1.35
3	双层沉淀池污泥-干化场-最终处置	2.70
4	浓缩池-消化池-湿污泥池-最终处置	6.76
5	浓缩池-消化池-机械脱水-最终处置	9.46
6	浓缩池-湿污泥池-最终处置	14.87
7	浓缩池-两级消化池-湿污泥池-最终处置	1.35
8	浓缩池-两级消化池-最终处置	2.70
9	浓缩池-两级消化池-机械脱水-最终处置	9.46
10	初沉池污泥-消化池-干化场-最终处置	1.35
11	初沉池污泥-两级消化池-机械脱水-最终处置	1.35
12	接触氧化池污泥-干化场-最终处置	1.35
13	浓缩池-消化池-干化场-最终处置	1.35
14	浓缩池-干化场-最终处置	4.05
15	浓缩池-浓缩池-两级消化池-机械脱水-最终处置	1.35
16	浓缩池-机械脱水-最终处置	14.87
17	初沉池污泥-好氧消化-浓缩池-机械脱水-最终处置	2.70
18	浓缩池-厌氧消化-浓缩池-机械脱水-最终处置	1.35

注：数据引自（尹军，谭学军，廖国盘，等. 我国城市污水污泥的特性与处置现状. 中国给水排水，2003，19：21~24），可能与实际情况有偏差。未注明的污泥均为活性污泥。

表 3-11   污水处理厂污泥处置方法统计结果

处理工艺	填埋	外运	堆肥农用	露天堆放	焚烧	自然干化综合利用
污水厂个数/个	70	16	15	2	2	6
所占比例/%	63.06	14.42	13.51	1.80	1.80	5.41

3.6.2   国外污泥处理与利用现状

世界主要国家污泥产量及其采用的处置方式见表 3-12。由表 3-12 可知，法国、德国、意大利和英国的污泥产量较大，各国的污泥产量与污水厂的服务人口有关，此外污水处理系统发达国家的污泥产率较高。欧盟各国采用的污泥处理方法见表 3-13，欧盟委员会预测 2005 年的干污泥量达 9.4×10^6 t。由于国情不同，不同国家和地区污泥处置的程度与方式存在差异。

表 3-12   世界主要国家污泥产量及采用的处置方式

国别	产量/t 干泥·a^{-1}	各处理方法所占比例/%				
		农用	焚烧	填埋	投海	其他
瑞士	270×10^3	45	25	30		
德国	2681×10^3	27	14	54		5
丹麦	170×10^3	54	24	20		2
芬兰	150×10^3	25		75		
瑞典	200×10^3	40		60		
挪威	95×10^3	56		44		
荷兰	335×10^3	26	3	51		20
奥地利	170×10^3	18	34	35		13
卢森堡	8×10^3	12		88		
英国	1107×10^3	44	7	8	30	11
法国	865×10^3	58	15	27		
意大利	816×10^3	33	2	55		10
爱尔兰	37×10^3	12		45	35	8

国别	产量/t 干泥·a^{-1}	各处理方法所占比例/%				
		农用	焚烧	填埋	投海	其他
西班牙	350×10^3	50	5	35	10	
比利时	59×10^3	29	15	55		1
希腊	48×10^3	10		90		
波兰	25×10^3	58		29	2	11

表 3-13 欧盟各国采用的污泥处置方法

国家	污泥处理方法所占比例/%					
	浓缩	厌氧消化	好氧消化	脱水	堆肥	石灰法
比利时	53	67	22	60	0	2
丹麦	—	50	40	95	1	5
法国	—	49	17	—	0[①]	0
德国	—	64	12	77	3	0
希腊	0	97	3	0	0	0
爱尔兰	14	19	8	33	0	0
意大利	75	56	44	90	0	0
卢森堡		81	0	80	5	0
荷兰	—	44	35	53	0	0
西班牙	—	65	5	70	—	26

① 有 17%的污泥用未知方法进行了处理，其中可能包括堆肥。

据美国环保署估计，自从 1972 年政府颁布水净化条例以来，污泥量逐年快速地增加，2010 年达到 820 万吨。表 3-14 是美国污泥产量和处理状况及预测。美国早期的污泥处置主要是直接土地利用和填埋，近年侧重于间接土地利用（制肥）为主的资源化利用。

表 3-14　美国干污泥产量及其预测　　　　　　　　　　　（t）

项　目		1998 年	2000 年	2005 年	2010 年
有效利用	土地利用	2.8×10^6	3.1×10^6	3.4×10^6	3.9×10^6
	先进利用	0.8×10^6	0.9×10^6	1.0×10^6	1.1×10^6
	其他有益利用	0.5×10^6	0.5×10^6	0.6×10^6	0.7×10^6
	小计	4.1×10^6	4.5×10^6	5.0×10^6	5.7×10^6
处置	地表处置/陆地填埋	1.2×10^6	0.9×10^6	0.9×10^6	0.9×10^6
	焚烧	1.5×10^6	1.6×10^6	1.6×10^6	1.5×10^6
	其他	0.1×10^6	0.1×10^6	0.1×10^6	0.1×10^6
	小计	2.8×10^6	2.6×10^6	2.6×10^6	2.5×10^6
总计		6.9×10^6	7.1×10^6	7.6×10^6	8.2×10^6
土地利用占污泥处置比例		40.6%	43.7%	44.7%	47.6%

　　污泥资源化是全球各国追求的方向和目标。日本对污泥的资源化十分重视，2003 年污水处理污泥干重达到 220 万吨，64% 得到循环利用。1995 年以前以农业利用为主，从 1995 年开始，建材利用超过农业利用，而且从 2000 年开始，这种趋势更加明显。欧洲各国循环利用的势头强劲。据比利时、丹麦、德国、希腊、法国、爱尔兰、卢森堡、荷兰、奥地利、葡萄牙、芬兰、瑞典、英国这 13 个国家统计，1992 年循环利用数为 2351 个，到 2005 年增加到 3947 个，13 年间增长了 1.68 倍。其中希腊增长 7 倍，葡萄牙增长 2.84 倍，英国增长 2.37 倍，爱尔兰增长 21 倍，法国增长 1.9 倍，比利时增长 2.76 倍。美国 1998 年产生干污泥 690 万吨，循环利用达到 60%，2010 年达到 70%。

4 剩余污泥资源利用

4.1 剩余污泥制砖

4.1.1 污泥制砖方法

污泥制砖主要有两种方法：一种是直接用干化污泥制砖，另一种是用污泥焚烧灰渣制砖。干化污泥中含有大量的有机物，有一定的燃烧热值，其燃烧热值在10000 J/g 左右，用于制砖，可节约能源。

在用干化污泥直接制砖时，应对污泥的成分进行适当调整，使其成分与制砖黏土的化学成分相当。当污泥与黏土按质量比 1：10 配料时，污泥砖可达到普通红砖的强度。但这种制造方式受坯体有机挥发分成分含量的限制（达到一定限度会导致烧结开裂，影响砖块质量），污泥掺和比很低，因此从黏土砖施用限制要求来看，已经难成为一种适宜的污泥制造建材方法。

另一种方法是用污泥焚烧灰渣制砖，这种方法可以利用制砖厂烧砖的隧道窑里面的高温气体来作为热源，有助于降低污泥的处理成本。经过试验，污泥的热值在几百到一千大卡左右，这能降低其他的原料混合。

4.1.2 技术特点和技术路线

污泥低温干化 + 碳化 + 建筑材料利用技术。

4.1.2.1 技术特点

通过污泥低温干化、碳化试验，确定最佳的低温干化、碳化温度；通过元素分析、热重分析碳化产物的组成；通过与现场热源的分析采用最佳的供热方式，解决了多项原始技术在污泥干化的难题。利用烧结砖工艺中产生的余热，使污泥含水率降至 10% ~ 50%（可调），污泥低温干化过程采用热回收技术，间接传热，与污泥无接触干燥，使硫化氢 H_2S、氨气 NH_3 析出量大大减少；有机成分无损失，热解后的污泥处理不但提高污泥的脱水性能，还提高污泥中的碳含量和热值，使重金属存在于固相中，以残渣态形式存在。适合后期资源化利用，突破了污泥干化过程中能耗高、效率低的瓶颈，全过程采用密闭循环风路系统，没有任何废热、废气、粉尘等排放，无二次污染，让污泥在烧结砖应用中得到减量化、无害化、稳定化、资源化综合利用处理，符合国家实现"碳达峰""碳中和"的绿色低碳发展总体目标。

4.1.2.2 技术路线

将城市污水处理厂所产生的含水率为 60% ~ 80% 的污泥集中进行处理处置，运输车辆运至生产线污泥接收仓，生产时将污泥输送至料箱，进入成型切条机，利用窑炉的余热，通过污泥低温干化机将污泥直接脱水至含水率为 10% ~ 50%（可调），热回收循环利用，水汽通过冷凝器以冷凝水形式析出经污水处理设施处理后回用。同时，干化后的污泥颗粒进入碳化系统制成含有热值的污泥生物炭，按比例掺入制砖原料中，经陈化后制成砖坯，最后经高温焙烧制成合格的烧结砖建筑材料，最终实现污泥的减量化、无害化、稳定化和资源化利用。

具体技术路线（见图4-1）为：湿污泥→湿泥料仓→湿泥输送系统→搅拌成型系统→干化热回收除湿系统→干料收集输送系统→碳化系统→碳化产物储存仓→制砖原料利用。

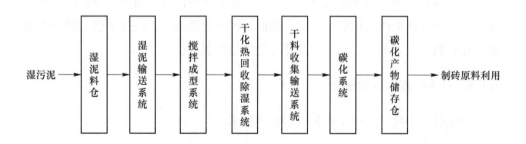

图 4-1 湿污泥制砖技术路线

4.1.3 烧结砖瓦存在的问题

烧结砖瓦行业具有大量处理污泥的能力，更有高温消杀病菌、病毒等有机有害物和固化重金属的优势，因此，烧结砖瓦行业成为当前污泥处置的主力军。原料中加入部分生活污泥制砖，不仅是解决污泥资源化处置的最有效办法之一，同时，干化后的污泥还可作为制砖原料，污泥中的热值可替代一部分燃料，这确实是为政府解忧、为社会担责、利国利民利企、造福子孙万代的有益举措。但目前来看，利用污泥制砖的企业，不少存在不规范性的问题，且有野蛮增长局势，这样会对行业污泥制砖带来负面影响，所以要引起重视。如何利用好污泥，且不会产生二次污染，是必须要重视的问题。生活污泥其实不是什么"泥"，也可以说与泥几乎没有什么关系，污泥中含有大量有机物、细菌菌体、寄生虫卵和无机物颗粒等。其中，有些有机物对人体和环境危害很大。污泥有臭味，让人难以忍受，会散发有害气体，直接影响到人们的身心健康，处理不慎会导致人和各种动物产生疾病，形成有害传染链。同时，污泥中还含有各种重金属等多种物质，成分很复杂，所以在处理过程中一定要规范，避免造成二次污染。虽然加入污泥制烧结砖是最有效的处理污泥的办法之一，但由于处理的方法不同，效果也不同。本章就目前加入污泥制砖常用的几种方法进行了分析。

4.2 污泥制水泥

市政污泥作为水泥窑低碳能源的处置技术。

4.2.1 原料与燃料成分分析

经工业分析，进厂污泥综合样的水分含量为 12.2%，挥发分含量为 42.39%，灰分含量为 40.4%，固定碳含量为 4.97%，空气干燥基热值为 11133 kJ/kg；水泥厂现有煤样的水分含量为 2.25%，挥发分含量为 26.32%，灰分含量为 19.24%，全硫含量为 0.88%，空气干燥基热值为 22409 kJ/kg。

4.2.2 工艺流程

污泥由专车运输进厂，卸入污泥泵仓后经预消毒除臭，再通过污泥泵送入污泥库。在污泥库陈化一定时间后，库底污泥泵送至污泥改性均质机，同时加入污泥专用复合型改性调整剂，经辗混均质处理为改性污泥后泵送入煤磨快速脱水，混合粉磨制成混合燃料粉。混合燃料粉替代纯煤粉直接用作水泥窑系统的头煤和尾煤用燃料。能源化改性处理污泥中的无机物在窑系统中直接转化为水泥熟料。污泥作为水泥窑可再生低碳能源利用的工艺流程如图4-2所示。

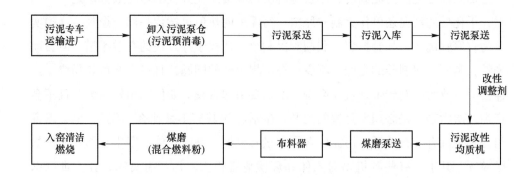

图 4-2　污泥能源化改性处理工艺流程

4.2.3　市政污泥作为水泥窑低碳能源的生产应用

在入磨原煤中配入改性污泥制成的污泥煤粉（混合燃料粉）细度控制在 80 μm 筛余 1% ~ 2%、水分含量小于 1%，按使用原煤粉一样的正常工艺控制要求送入窑头喷煤管和分解炉燃烧。因水泥厂采用的是燃烧性能差的无烟煤和半烟煤，污泥对煤粉燃烧性能的不利影响是厂方非常担心的一个重大问题，且加污泥的混合燃料粉的热值略有下降，为此从调试期开始就不同污泥配入比例进行试验分析，在工业应用试验成功后，正常运行期间，经水泥熟料生产企业生产技术部门统计，最高节煤率达 8.9%，节煤率由于进厂煤质差异波动较大，但一般保持在 4% ~ 8%。

4.2.4　污泥异臭处理与清洁化生产的应用

在实施过程中，污泥能源化处理项目按照设计工艺要求进行安装和施工，达到清洁生产要求。

4.2.4.1　进厂污泥的预消毒和除臭

污泥车将送进厂内过磅的含水率为 75% ~ 85% 的污泥直接卸入泵仓内，然后立刻封闭仓门。预消毒除臭系统同时启动，在污泥入泵仓过程中，雾化喷淋污泥除臭消毒剂，一则防止污染物扩散，二则在污泥泵仓打开时，氧化清除污泥中挥发的异臭气体，防止异臭扩散影响生产区空气。项目投产后连续运行至今，证明进厂污泥的预消毒和除臭系统效果好，运行可靠。

4.2.4.2 生产线异味净化

污泥能源化处理项目设置有毒异臭气体催化氧化燃烧器和生产线微负压抽吸系统。生产线微负压抽吸系统由催化氧化器的聚气抽风机经不同管径的抽风管道连接进厂污泥泵仓、污泥储库、污泥改性均质机、污泥入煤磨泵，生产线形成微负压系统，抽吸的气体经催化氧化器内的中温催化氧化室（约450℃）氧化和高温催化氧化区（750~950℃）氧化＋热回收室回收热焓净化，废气以60~70℃的温度排放。项目投产后连续运行至今，证明生产线微负压系统和催化氧化燃烧器的异味净化效果好，运行可靠。

4.2.4.3 煤磨废气和窑尾废气污泥能源化处理项目储库和泵仓内的污泥送入

污泥改性均质机内改性，经改性和强氧化处理，污泥的微观结构发生变化，然后将其直接泵入煤磨，污泥喂入量视污泥进厂量的多少调整，一般为原煤喂入量的10%~40%，在保持煤磨产量（原煤的喂煤量不变或略增）、煤粉细度（80 μm 筛余1%~2%）、水分含量小于1%的情况下，混合粉磨制成改性的混合燃料粉。制成的混合燃料粉按正常工艺控制要求送入窑炉系统燃烧。因此，煤磨废气和窑尾废气状况也是水泥厂和生态环境部门关注的监测重点，生态环境部门对污泥能源化生产线尤其是煤磨废气和窑尾废气进行持续监测，确保污泥能源化处置生产线污染物达标排放。

4.2.5 解决的技术难题

污泥能源化处理可完全消除异臭，彻底消毒（杀灭细菌、病毒及寄生虫卵），彻底解决病原微生物的扩散问题。它可高效解决污泥脱水干燥困难且能耗高的问题。能源化改性调整处理后，污泥中大量高含水菌团的生物膜壁被破坏，污泥的微观结构和特性改变，使其易于脱水干燥，可利用现有煤磨系统快速制成混合燃料粉，不影响煤磨产量和煤磨电耗。客观上，协同粉磨污泥制成干燥的混合燃料粉不增加额外的电耗和热耗。污泥能源化处理可有效解决污泥的难燃性问题，即解决影响煤燃烧的问题，高效利用污泥中的能源，并提高煤粉的燃尽率。

污泥中的主要有机物分为两类，一是泥质化的纤维（类似于硅化木）状物料，二是高内水含量的微生物菌团，加之极细泥质的覆裹，客观上使污泥的燃烧性能变差，导致污泥与煤混燃时影响煤的燃烧性能。但是，污泥采用含催化燃烧功能的改性调整剂进行改性处理，可有效促进污泥中有机物的燃烧，使难燃污泥转化为助燃剂，使污泥得以高效利用，并可将煤粉的燃尽率提高 3% ~ 8%。污泥一般含有多种重金属，经改性调整剂处理，重金属能以硅酸根团、铝酸根团或硅铝酸根团等形式固溶于矿物晶格中，有效消除潜在污染。污泥能源化处理不仅可以完全消除处理过程的异臭，还能从根本上避免有毒有害废气产生。

4.3　污泥在人工湿地中应用

4.3.1　污泥生物炭强化人工湿地处理生活污水性能研究

目前，针对水体氮、磷污染治理的技术方法主要有吸附法、混凝沉淀法、生物滤池、生物反应器和人工湿地等。其中，人工湿地因具有操作简单易行、成本低和维护便捷等优势而受到广泛关注。人工湿地对污染物的去除主要依赖于基质吸附、微生物代谢及植物吸收，其中，基质不仅可通过吸附、过滤作用去除氮、磷，还能为植物和微生物生长提供载体和养分，是影响人工湿地处理效果的重要因素。湿地基质主要分为天然矿物、工业副产物和人造基质。但天然矿物的吸附效果较差，工业副产物易造成二次污染，人造基质成本高，工程应用较少。在常用数十种基质中，对水中氮、磷的吸附性能一般，这些基质的孔隙度和饱和吸附量较低，对氮、磷的最大吸附量分别为 1.7 mg/g 和 1.052 mg/g。因此，寻求廉价高效的新型填料十分重要。

生物炭是废弃生物质在限氧条件下热解形成的富炭产物，因其具有原料环保、成本低和可再生等特点而备受关注。生物炭对水中氮、磷的去除已有广泛研究。CHINTALA 等人研究了玉米秸秆、黄松木屑和柳枝稷 3 种原料生物炭对磷的吸附特性，发现玉米秸秆生物炭对磷的吸附效果最好，吸附量可达 0.86 mg/g。孟依柯等人对木屑生物炭吸附雨水径流中氮、磷效果进行研究，发现其对 PO_4^{3-} 和 NH_4^+ 的最大吸附量分别为 0.37 mg/g 和 0.28 mg/g。但关于生物炭强化人工湿地脱氮除磷的研究较为鲜见，并且相关研究中进水大多是实验室配制的合成废水，与实际污水处理厂废水尚存在一定差异。

以剩余污泥为原料制备生物炭，构建污泥生物炭基人工湿地，并以沸石基人工湿地作为对照，探究污泥生物炭对人工湿地处理实际生活污水的强化效果，讨论水力停留时间（HRT）对生物炭基人工湿地脱氮除磷的影响，并通过静态吸附试验和表征数据确定污泥生物炭对 TP 的吸附效果、吸附机理及解吸再生性，以期为污泥废弃物资源的再利用及生物炭强化人工湿地处理污水的实际运用提供数据支撑。

污泥生物炭人工湿地处理效果如下：（1）污泥生物炭可显著提高人工湿地对生活污水中 TP、TN、NH_4^+-N 和 COD 的去除效果，其中对 TP 的强化效果最好，去除率提高近 1 倍。高比例生物炭投加量能实现更好的脱氮除磷效果。（2）在 HRT 为 3 d 条件下，以沸石和污泥生物炭为基质构建的上行垂直流人工湿地系统对实际生活污水中污染物的去除效果最好。随 HRT 的减小，3 组湿地对 TP、TN、NH_4^+-N 和 COD 的去除效果均有明显降低，而添加污泥生物炭湿地系统的出水水质可更快恢复稳定。（3）污泥生物炭对 TP 的吸附动力学符合准二级动力学方程，吸附过程主要包括液膜扩散、表面吸附和颗粒内扩散。吸附等温线符合 Langmuir 模型，最大吸附量为 1.42 mg/g。采用 0.5 mol/L $NaHCO_3$ 可对饱和吸附的污泥生物炭进行解吸再生。（4）污泥生物炭对 TP 的吸附机理主要包括官能团络合作用、矿物质沉淀作用及表面物理吸附作用。（5）与常用湿地基质相比，污泥生物炭的吸附量大、成本低、可再生，具有一定的市场竞争优势。将污泥生物炭作为一种新型湿地基质，在污水处理行业具有广泛的应用前景。

4.3.2 铝污泥填料人工湿地组合工艺处理

4.3.2.1 人工湿地填料的吸附作用

人工湿地填料的吸附作用是去除水体中氮、磷元素的主要途径，目前常用的磷吸附填料有沸石、硅藻土、粉煤灰等，但存在吸附不稳定、效率低、对磷的去除效果有限等缺点。给水厂的副产品——铝污泥含有大量铝及其聚合物，用作人工湿地的填料能够较大幅度地提高湿地的除磷效果。研究表明，铝污泥单独使用或与其他滤料组合都可显著提高其除磷能力，延长湿地的使用寿命，同时能促进湿地中植物的生长并增加其生物量。

4.3.2.2 组合工艺流程

生活污水处理的工艺为 A/O + 铝污泥填料人工湿地组合工艺，其工艺流程为：进水→A/O 段→铝污泥填料人工湿地段→出水。铝污泥填料人工湿地段采用 2 级水平潜流人工湿地，湿地底部的坡度为 1%，2 级潜流湿地各长 6.5 m，宽

5 m，水力负荷为 0.8627 $m^3/(m^2 \cdot d)$，底部采用 HDPE 防渗膜进行防渗处理。

4.3.2.3　人工湿地植物选择

人工湿地植物选择上，一级潜流湿地选用耐污能力及根系输氧能力较强的芦苇、风车草搭配景观植物荷花和美人蕉，二级潜流湿地选用千屈菜、茭白、水芹、香蒲的组合，形成高低错落、色彩相衬的优美景观。风车草和水芹为四季生长植物，可在一定程度上提高湿地冬季的处理效果，香蒲和芦苇为深根型植物，入土深度可达 30 cm，非常适合种植于潜流湿地。一级潜流湿地的种植密度为 30 株/m^2，二级潜流湿地的种植密度为 25 株/m^2。

4.3.2.4　铝污泥填料人工湿地组合工艺处理效果优异

铝污泥填料人工湿地组合工艺对 COD_{Cr}、NH_3-N、TN 和 TP 的总平均去除率分别为 82.33%、81.58%、76.22% 和 86.50%，系统出水水质稳定，优于 GB 18918—2002 一级 A 标准。将 A/O 生化处理工艺与铝污泥填料人工湿地相结合，该组合工艺既能有效提高脱氮与除磷效率，实现污水的深度处理，又能缓解湿地堵塞，延长人工湿地的使用寿命。组合工艺的铝污泥填料湿地段对 COD_{Cr}、NH_3-N、TN 和 TP 的去除率分别为 29.79%、35.10%、39.14% 和 50.43%，其对 TP 的去除率（50.43%）明显高于传统湿地对 TP 的去除率（35%~42%）。将铝污泥作为人工湿地的填料，可提高人工湿地对磷的去除效果，铝污泥填料的吸附作用是其去除磷的主要途径，同时铝污泥颗粒表面形成的生物膜可为微生物生长提供载体。组合工艺对污染物去除效果稳定性监测结果表明，COD_{Cr} 的平均去除率为 80.59%~85.21%，NH_3-N 的平均去除率为 80.62%~83.73%，TN 的平均去除率为 72.28%~81.45%，TP 的平均去除率为 82.52%~90.46%。组合工艺对各项污染物的去除效果较为稳定，可较长时间平稳运行且保持较好的处理效果。

4.3.3　人工湿地处理污泥渗滤液氨氮

4.3.3.1　污泥

干化芦苇床处理这一想法早在 20 世纪 60 年代期间由德国的马普学会构思出来。利用人工湿地技术对污泥进行稳定的研究和应用起源于欧洲，随后在世界范围内得到广泛关注。污泥干化芦苇床是人工湿地和传统污泥干化床的结合。丹麦在人工湿地技术方面进行大量的运行经验及实践活动,目前,丹麦的人工湿地,污水处理技术可以实现由计算机远程控制、通过视频监控污泥处理系统的日常运行,并且已应用于大型人工湿地。我国 2005 年开始对芦苇床稳定干化污泥技术进行研究和应用,并陆续在一些地区建设了示范工程和实验基地。例如,大连开发区第一污水厂、长春市第三污水处理厂、联合国祯水处理辽阳有限公司等地。

人工湿地技术的原理是利用系统中物理、化学和生物的三重作用来实现对污水的净化。这种干化芦苇床工艺的池体可由混凝土或土方建成。池体的形状,可以根据当地的地形条件并利用好当地地形条件做出最优设计方案。在池底铺设防水膜可以防止污泥稳定期间渗滤液造成污染。为了将渗滤液更容易地收集和强化穿过卵石滤层和污泥层的通风作用,池底应铺设集水管道。同时,池底应有一定的坡度,这样更有利于渗滤液的收集。

芦苇是国内外去除污染物能力研究较多的挺水植物,它是一种良好的净水植物,具有很广的适应性和很强的抗逆性。芦苇高效净化污水的效能已经被国内外大量的实验研究和工程实验所证实。芦苇床的内部因为在植物根系和填料表面生长的生物膜使填料床中形成了好氧、兼氧和厌氧区域,三者同时并存的状况,因此芦苇床中微生物的数量、种类及其特性对处理效果有着很大的影响,其中能够影响渗滤液氨氮的变化。

4.3.3.2 试验装置与方法

位于辽宁省大连市经济技术开发区的恒基水务污水处理厂内,有效面积 3 m×3 m 为平均分成 3 个单元,编号分别为 Ⅰ、Ⅱ、Ⅲ 的污泥干化芦苇床。各单元的总高度为 1.3 m,其中填料层厚度为 0.65,由下至上依次为细沙 0.2 m、粗砂 0.05 m、砾石 0.2 m、炉渣 0.2 m。为了使污泥积存有足够的空间,设计的超高部分为 0.65 m。Ⅰ 单元作为对照,未种植芦苇。Ⅱ 和 Ⅲ 单元栽种芦苇江,Ⅰ 和 Ⅱ 单元在填料层底部设通气立管与大气连通。其中,Ⅰ 单元为传统干化床,Ⅱ 和 Ⅲ 单元为污泥干化芦苇床。各单元进泥由配泥管完成并在各单元底部铺设排水管便于收集渗滤液,各单元独立运行。

4.3.3.3 试验运行条件

试验运行阶段共分为 8 个周期,运行周期为七天,每个周期的第一天进泥,这样就形成了间歇流进泥方式。各个单元的每个周期进泥量为 300 L。污泥布满床体表面并在床体表面完成泥水分离。泥水分离后的污泥渗滤液由于重力作用通过填料层，污泥固体被截留在填料层，表面通过填料层的渗滤液，由床底底部的排水管收集并排出。试验运行阶段在植物生长期进泥，共进行 8 次样品采集。冰封期试验装置闲置。

在Ⅱ和Ⅲ单元栽种有芦苇，实验分为适应性阶段和正常运行阶段。在适应性阶段为了考察是否有烧苗现象，向各单元周期性均匀布泥，使湿地形成一层固定的污泥层。正常运行阶段，芦苇长成植株可正常进行实验。通过试验运行初期考察发现芦苇并未出现烧苗现象，而且长势良好系统运行正常。随着试验的深入可以观察到Ⅲ单元芦苇发芽较Ⅱ单元晚，且芦苇的植株密度低于Ⅱ单元。Ⅱ单元芦苇长势良好蓬叶粗壮，Ⅲ单元次之。

4.3.3.4　实验结果

从渗滤时间与氨氮浓度的关系可以看出，渗滤初期的一个小时内氨氮浓度明显降低。随污泥积存时间延长和取样深度增加污泥氨氮含量呈现明显的递减特征，但又存在着时间差异性。渗滤初期的一个小时内，氨氮浓度明显降低。原因在于芦苇独特的生理特性赋予了它净化污水的能力。首先，芦苇具有多年生的地下茎，根系发达，随着芦苇的生长发育，地下部分逐渐形成一个具有高活性的根区网络系统。其次，芦苇进行光合作用产生的氧气一部分向地下输送，使芦苇根区具有较高的氧化还原势，为根区微生物的活动创造了有利条件，污泥中的氮被微生物等转化使得污泥中氨氮含量降低。接下来的几个小时内有相对较小的增长。随着时间的增长微生物分解有机氮化物产生氨使得氨氮含量缓慢增长，始终远小于进水的浓度以至趋于稳定。研究结果表明，污泥中存在能利用污泥干化芦苇床中存在氨氮的微生物，通过硝化作用和反硝化作用的连续反应而去除氨氮。以及芦苇根系对无机氮的吸收作用使得去除氨氮效果强进而使污泥氨氮含量逐步降低。

4.4　污泥的肥料应用

4.4.1　污泥的农田施用试验

4.4.1.1　污泥的农田处置历史

国外对污泥的处置已有 60 多年的历史，主要方法有填埋、焚烧和土地利用。

目前普遍重视的方法是土地利用，也有一些国家将污泥干燥后制成肥料。在我国土地利用也有 10 多年的历史，将污泥直接进行应用试验的污水处理厂很多。其中，山东省淄博市污水处理公司试验时间较长效果较为显著。该公司曾在褐土、潮土、棕壤和砂姜黑土等四类土壤中施用污泥，小麦、玉米增产效果十分显著，无重金属污染；将污泥施用于花卉和树木的试验研究主要由西北农业大学和西安污水处理厂共同进行，试验应用效果较好，也无重金属污染。将污泥直接干燥成型或造粒制成有机颗粒肥、有机复混肥和有机微生物肥料试生产运行的厂家主要有大连水质净化一厂、徐州污水处理厂、淄博市污水处理公司、北京北小河污水处理厂、秦皇岛东部污水处理厂和唐山西郊污水处理厂。

4.4.1.2 污泥在不同土类施用后的效果

将污泥风干后直接施用于砂姜黑土、褐土、潮土和棕壤四类不同土壤中，试验结果表明，玉米、小麦的增产效果分别为 11.57%、6.07%、6.33%、4.99%，各类土壤增产效果差异较大。大田施用后效果明显，四类土壤均有增产，亩产量统计污泥在大面积施用的情况下增产 5.4% ~ 12.5%，平均增产 10.1%。

4.4.1.3 污泥中有害物质进入土壤中的情况

对棕壤、褐土和潮土三类土壤施用不同量污泥之后，土壤中重金属元素含量见表 4-1。

表 4-1 试验土壤中重金属含量

土类	干污泥量 /kg · 亩$^{-1}$	Pb/mg · kg^{-1}	Cd/mg · kg^{-1}	Cr/mg · kg^{-1}	As/mg · kg^{-1}	Hg/mg · kg^{-1}
棕壤	0	11.8	0.07	50.1	10.4	0.052
	1000	12.9	0.08	52.3	11.1	0.057
	2000	13.7	0.11	53.1	11.6	0.061
褐土	0	22.9	0.07	59.3	9.3	0.042
	1000	24.7	0.09	62.1	9.9	0.053
	2000	24.9	0.10	65.3	10.7	0.062
潮土	0	15.7	0.099	55.34	13.7	0.031
	1000	16.9	0.102	58.1	14.9	0.041
	2000	17.66	0.13	61.3	15.4	0.047

大田试验表明，无论是在酸性土壤上还是在碱性土壤上施用污泥土壤中五项重金属元素含量均符合《农用污泥中污染物控制标准》规定。污泥有害物质对作物的影响试验表明上述三类土壤亩施量为 1000 kg 和 2000 kg 时，玉米、小麦籽粒中重金属元素的含量均符合国家粮食卫生标准，为未污染级。

4.4.1.4 绿化试验

以西北农业大学和西安污水处理厂所做试验结果为例。供试验的花卉种类有美人蕉、鸡冠花和小丽花。草类为日本本藤及 1 年生杨树。

（1）施用污泥对试验植物生长的影响。施用污泥 6 个月后，试验植物生长结果表明，各试验中 3 种花卉株高的增长率分别比对照的高 8.7% ~ 49.4%、8.7% ~ 44.6% 和 4.4% ~ 38.6%；草的株高增长率则比对照的高 100%、83.3% 和 83.3%；杨树株高的增长量提高 92.5%、77.5% 和 47.5%。

（2）污泥绿化施用后重金属对土壤的影响。施用污泥 7 个月后，5 种重金属仅在土壤表层，未向下迁移，也未发现对试验植物有毒害作用。

（3）土壤养分的变化。施用污泥后无论花卉、草皮还是树木在土壤 0 ~ 20 cm 层中的氮、磷和有机质显著增加。其株高、分支及生长表现出良好的响应且与化肥相比施用污泥的土壤养分种类较为齐全并有一定的后效。另外，还在高速公路绿化带进行绿化试验，其试验结果同上述绿化试验结果基本一致。

4.4.2 沼液净化沉淀污泥制备颗粒肥料

猪场厌氧消化液（俗称沼液），氮磷及有机质含量较高，经磷铵酸镁化学沉淀法处理形成的沉淀，污泥产生量较大，如不妥善处置，由于其富含氮、磷沉积物（如 MAP）、腐殖酸、粗纤维等植物生长所需的养分、矿质和微量元素，经脱水干化优质的绿色有机-无机复合肥原料。聚乙烯醇、淀粉作为常用的包膜材料，不仅具备黏合性强、易于成膜、常温下水溶性小、价格低廉的特点，同时对植物的生长不会带来任何危害，也不对环境存在任何污染。

以沼液净化沉淀污泥作为有机肥料基质，以聚乙烯醇和淀粉作为包膜剂和黏结剂，制备颗粒状缓释有机肥料，研究缓释性能对成品颗粒肥料在水淹条件下的养分释放规律的了解和植物对养分的吸收特性探讨，为猪场沼液净化污泥制备缓释颗粒肥料的产品化，提高污泥的附加值，提供一种切实可行的新方法。

缓释肥料制备方法及配方黏结肥制备：将干燥污泥与聚乙烯醇溶液或预糊化淀粉溶液均匀混合，混合比为 0.2 mL/g，控制造粒粒径为 1～3 mm，所得湿颗粒于 50 ℃烘干得成品。包膜肥制备：将干燥污泥与少许水均匀混合、造粒，控制造粒粒径为 1～3 mm，在颗粒成形后，将聚乙烯醇溶液或预糊化淀粉溶液作为封面料，均匀包裹在颗粒肥料表面，封面料用量与颗粒肥料中粉状底泥比为 0.1 mL/g，所得湿颗粒于 50 ℃烘干得成品。

缓释肥料有益效果如下：

（1）以沼液净化沉淀污泥为原料，以聚乙烯醇和淀粉为助剂，制备的聚乙烯醇包膜肥、淀粉包膜肥、聚乙烯醇黏结肥、淀粉黏结肥等 4 种颗粒状缓释有机肥料，其养分释放特性均符合缓释肥料评价标准，缓释性能良好，模拟植物吸收 28 d 氮磷溶出率最大可达 33.25%、40.4%，植物对肥料适应性强。

（2）所制备的 4 种颗粒肥料氮磷缓释机理表现在肥料基质低溶解度、黏结及包膜工艺所产生的破裂及扩散机制和土壤微环境中的生物及物化反应 3 个方面。

（3）淀粉、聚乙烯醇包膜肥料综合性能优于黏结肥料，二者均适用于长江中下游地区水稻田、旱地农作物、果园、茶园等各类典型土壤增肥。对于猪场沼液净化沉淀污泥减量化、资源化利用具有一定的理论意义，实用价值及市场前景广阔。

4.4.3 污泥作为肥料的基本条件

4.4.3.1 可行性

城市人口和工业的发展使污水及污水沉淀物（以下称污泥）增多。使用含有各种有害物质，尤其是重金属、寄生虫卵和病原微生物的污泥作为土壤肥料，在生态卫生方面是不安全的。丹麦、德国、法国、比利时、卢森堡、荷兰、爱尔兰、英国、瑞士、意大利、美国 11 个工业发达国家中，平均每个居民一年产生干污泥 19 kg，其中城市居民为 25 kg。2023 年 1 月 1 日中国总人口为 14 亿，包括城市人口 9 亿，若按上述数值计算，每年可产生干污泥 2000 万吨以上。许多国家把大量的污泥堆积起来，用以填充矿井、沟壑，有的污泥则被焚烧。在农业经济领域中利用污泥作为肥料的，卢森堡达 90%、瑞士达 70%、德国达 30%、法国达 23%、比利时达 10%，俄罗斯达 4%～6%。

将污泥用作农业肥料，在中国是有发展前景的，在生态卫生方面是安全的废物利用方法。重金属在污泥中的含量符合俄罗斯和国际通用的农业生态要求，即使在莫斯科、圣彼得堡这样工业高度集中的城市，有些批次污泥的重金属含量也低于最大容许浓度。

根据国际上的经验，以不少于 1/3 的污泥用于农业是比较适合的，即中国每年用作肥料的干污泥为 700 万吨以下。由于污水处理方法不同，用于农业的污泥可能是液态的湿度为 92%～98% 或脱水形态的湿度为 50%～88%。液态污泥的运输应采用专用车辆或以管道加压输送到野外的蓄积池，运输脱水污泥通常使用厩肥车。在以污泥作肥料的土壤中，可种植食用或饲料作物、一年生或多年生草本植物、玉米、大麦、燕麦及其他作物。食用作物品种轮作的选择，可根据地区特征和生活需要决定。

以污泥作肥料的难题是如何确定污泥的用量和使用周期。重金属含量必须低于最大容许浓度。

根据《农用污泥污染物控制标准》（GB 4284—2018），我国对污泥作为肥料做出了一些规范。

（1）污泥处理方式。现阶段，国家对于污泥的处理主要有堆肥、厌氧消化和氧化沉淀三种方式，其中堆肥和厌氧消化是目前较为成熟的污泥处理方式。

（2）污泥处理后的质量标准。国家标准《农用污泥污染物控制标准》（GB 4284—2018）中规定，污泥处理后可用于肥料的重金属元素含量应符合国家标准《食品安全国家标准 食品中污染物限量》（GB 2762—2017）中关于土壤重金属元素限定的相关规定。同时，其气味、湿度、pH 值等指标也应符合国家标准的要求。

（3）施用限制。国家标准中明确规定了污泥处理后用于肥料的施用限制，污泥肥料的施用不得超过农产品中外部输入有机肥料允许施用量的 30%，并且施用后应留有三个月的安全间隔期。

（4）安全性和可行性。虽然污泥处理后可用于肥料，但是其肥效相对于其他有机肥料略低。另外，在进行污泥处理的过程中需要特别关注污泥中的重金属元素，以避免可能带来的安全隐患。因此，对于一般家庭来说，建议选择其他有机肥料，而不是使用污泥肥料。

总的来说，污泥处理做肥料在国家标准的规范下是可行且安全的，但是仍需要在使用时谨慎，并保持适度的使用量和安全间隔期，以确保农产品安全和消费者的健康。

4.4.3.2 污泥使用量的限制

对每种需要确定的成分进行计算，按土壤中有害物质最大容许浓度决定使用污泥的总量，再根据污泥的肥效和作物对肥料的需要有计划地将污泥播撒在土地上。因污泥湿度不同，在具体施用方法上通常有单一使用或与厩肥联合使用两种方法。

污泥中无机氮的含量按与硝酸盐氮总量对污泥一次使用剂量有一定的限制。对于大多数作物，无机氮的使用量每公顷不得超过 200 kg，在有喷灌的条件下也不应超过 300 kg。

计算污泥的使用量还应当考虑各种不同农作物对氮的生物需要量。例如，每公顷土地施用无机氮量秋播作物为 120 ~ 140 kg、春播作物为 90 ~ 110 kg、糖萝卜为 200 kg、一年生草本植物 120 ~ 180 kg、用作青贮饲料的玉米和绿饲料为 200 kg 以下。用石灰处理过的污泥，应根据其钙含量对使用量做适当调整，防止污泥对土壤环境产生不良影响。

4.4.3.3 重金属的影响

污泥中的重金属进入土壤后，经过无机化过程，其大部分滞留在土壤的上层，且主要以不活跃的化合物形式存在。由于各种生物、物理、化学作用，使部分重金属溶解在土壤中，迁移到作物上，或被冲蚀。重金属在土壤中的活性与土壤的粒度结构、pH 值、腐殖质含量等因素有关。一般情况下，重金属迁移作物的量随土壤中污泥/腐殖质组分的减少、酸度的提高而增加。莫斯科肥料与土壤学研究所的研究结果表明，加石灰处理酸性土壤，是降低重金属迁移系数的有效方法，可以减少迁移 1/3 ~ 1/2。

重金属土壤剖面迁移研究发现，施用适宜剂量的污泥并不影响土壤耕作层（0 ~ 25 cm）土壤中金属的含量，但在沙质土中，迁移深度可达 5 cm。考虑到有害物质可能在土壤中迁移，凡壤土和黏土地下水位浅于 1 m、沙土和亚沙土地下水位浅于 1.25 m 的，不允许施用污泥。

随污泥进入土壤的有机污染物，可通过各种物理、化学、生物作用在土壤或作物中失去毒性。绝大部分有机污染物在土壤中经 1 ~ 4 周即可分解。同时，作物暴露地面部分，其解毒过程进展更快。关于施用污泥作肥料栽培的饲料作物对种有毒有机物质包括农药吸收情况的研究结果表明，在作物中未检测出这些有毒物质。

在农业耕作中应用污泥，还应注意污泥中寄生虫病病原体尤其是土壤性蠕虫卵对人体健康的危害。文献表明，刚刚进入堆积场的污泥中的寄生虫病病原体达360/L，包括蛔虫卵、鞭虫卵、钩球蚴、兰氏鞭毛虫包囊等。污泥在堆积场经长期（8～10 年）存放，寄生虫病病原体可完全灭活，从而减少了农业利用污泥的限制因素。

有文献表明，在计算污泥总量时，镉是主要受限制的元素。从事污泥在农业中应用研究的世界卫生组织欧洲区办事处的结论是镉是生态方面最有害的元素。至于其他元素及有机污染物，当污泥中的氮含量不超过作物需要量的条件下，对人体健康并不构成威胁。利用污泥，只有在无控制地使用情况下，才会发生生态危险。常见的问题是对污泥不做前处理、不遵守已有的规定、经常大量使用。

在计算污泥用量时，重金属的最大容许浓度包括土壤和污泥中的总含量，而迁移到作物上的只是重金属中活性部分，因此需要监测作物产品中的重金属含量。通常情况下，在施用污泥一年内作物中重金属含量较高，重金属中的活性部分被最初栽培的作物吸收在以后的年份里，重金属的影响程度则取决于难以分解的重金属化合物主要为有机化合物的解离速度。种植谷类饲料作物可降低污泥的生态危险性，因为谷类中蓄积有害物质相对较少。

应当注意的是，作物具有对重金属有害作用的保护机制，甚至在大量施用污泥时也能表现出良性反应。莫斯科肥料与土壤学研究所的研究表明，以污泥替代土壤，与对照组比较，年内谷类作物产量平均提高，但产物尤其是谷秆中重金属含量也增加了。在上述条件下，多年生草本植物年内产量平均提高。在施用污泥的土地上适宜种植饲料作物，这是由于动物机体比植物有更强的保护机制，从而可减轻重金属的危害性。据文献报道，干牧草中含镉量为 5 mg/kg，超过了许多国家的饲料标准值多倍，但食用此类牧草的大型有角牲畜的各个器官中的镉含量，与对照组比较，并无显著性差异。

一些国家推荐，在无重要工业污染源污染土壤的条件下，每公顷使用不超过标准的污泥 7～10 t，5～7 年施用一次，一般情况下能保证必需的肥效和生态安全。按规定使用污泥作为饲料或食用作物的肥料，可显著降低或完全避免重金属对人体健康的影响。

5 污泥超声波处理技术

5.1 超声波处理污泥原理

5.1.1 超声波基本特性

超声波是指频率从 20 kHz 到 10 MHz 范围内的声波，具有频率高、方向性恒定、穿透力强、能量集中的特点。超声波技术的传统用途主要是超声波定位、医疗、诊断、清洗、探伤等。从 20 世纪中叶以来人们逐渐认识到超声波在污水和污泥处理中的应用潜力。20 世纪 70 年代，国外就有学者用超声波来提取细胞壁上的聚合物进而研究污泥中微生物的表面特性。1993 年超声波技术被引入污泥处理研究中。该技术由于具有无污染、能量密度高、分解污泥速度快等特点，主要用于给排水处理工艺理论与技术研究。污泥处理领域引起人们越来越多的关注。其中，德国汉堡工业大学奈斯教授带领的科研团队成功解决了一直制约超声波污泥处理技术应用的能耗过高的问题，将能耗降到原来的 1/10 以内，使超声波在污泥处理的工程应用成为经济可行。近年来，超声波污泥应用主要研究范围涉及污泥的超声预处理、超声波强化一次污泥沉降与脱水性能、超声波辐射促进污泥需氧消化工艺、污泥超声预处理促进厌氧消化反应等。

5.1.2 超声波分解污泥机理的初步分析

超声降解是一种破碎细胞壁的好方法，并且认为分子量超过 40000 的高分子物质可以被由超声空化引起的强大的水力剪切力所分解。这种水力剪切力在频率 100 kHz 以下最为有效。超声空化是指在很高的声强下特别是在低频和中频范围内液体中将产生大量空化气泡，它们随着声波改变大小并最终在瞬间破灭。这种气泡生长、变大并在瞬间破灭的现象称为空化。超声空化引起的两种现象即水力剪切和声化学反应。气泡破灭时将产生极短暂的强压力脉冲并在气泡及其周围微小空间形成局部热点产生高温（5000 K）、高压（100 MPa）和具有强烈冲击力的微射流。当空化发生时，液体中产生很高的剪切力作用于其中的物质上，同时伴随发生的高温高压并将产生明显的声化学反应。这种反应是由于高温热解和高活性的自由基引起的，它是引起污水中难生物降解有机物分解的主要原因。通常空化可在低频至中频范围内产生。一般在低频范围只有少量自由基产生，在100～1000 kHz 范围内自由基形成显著。

　　通过研究不同频率超声波作用情况。随着频率增加细胞分解程度明显下降。最佳分解的频率为41 kHz。污泥分解主要是低频时水力剪切力的力学作用，这与超声处理难生物降解废水中有机物的机理有所不同。微生物分解是个漫长的过程，而超声波的空化效应是瞬间完成的。声化学反应是由于高温、热解和高活性的自由基引起的，是污泥中难生物降解有机物分解的原因。

5.1.3　超声波的优势

　　综观国内外研究成果，超声波技术处理污泥主要有杀菌、除臭、提高污泥稳定性，污泥减量效果显著和促进污泥中氮、磷量增加三大优势。

5.1.3.1　杀菌、除臭、提高污泥稳定性

　　未经处理的污泥很不稳定，在放置过程中会产生物理和化学方面的变化，细菌和藻类繁殖快，出现污泥上浮、变黑等现象。高强度的超声波可以杀死污泥中的细菌，消除病毒，分解产生臭气的物质，从而消除臭气的根源；杀死藻类，消除悬浮物，提高 COD 的可溶解性。与化学法消毒相比，不但可以避免化学累积效应，同时还提高污泥长时间放置的稳定性，而且可以有效地防止病原菌的传播。在 0.11 W/mL 和 0.33 W/mL 之间存在一个阈值，超过此阈值，超声波可以把细菌分解，并使相当一部分固态 COD 转变为溶解态。有试验发现在 0.33 W/mL 声能密度下，经 40 min 超声波处理后异养菌和大肠杆菌分别减少了82%、99%，并且溶解性 COD 经 1 h 作用后提高了 12 倍，而在 0.11 W/mL 声能密度下，作用时间较短时异养菌和大肠杆菌变化不大，只有在 1 h 以上才有明显减少，而且不管作用时间长短溶解性 COD 几乎保持不变。中国台湾学者通过试验发现超声波声能密度为 0.11 W/mL 时，经 1 h 后异养菌和大肠杆菌分别减少了 30%、59%，2 h 后异养菌和大肠杆菌分别减少了 40%、64%；声能密度为 0.33 W/mL 时，仅仅经 20 min 后，异养菌和大肠杆菌分别减少了 56%、97%。同时，他们也对细菌分解释放出的有机物进行了考察，原始污泥中 BOD/COD = 0.66，而且 SCOD/

TCOD 不足 1%。当声能密度为 0.11 W/mL 时，经超声波作用 2 h 后 SCOD 增加了 40 倍，而且 BOD/COD 为 0.66 ~ 0.8。这说明细菌分解释放出的 COD 绝大部分是可生物降解的。

5.1.3.2　污泥减量效果显著

污泥减量化是通过物理、化学、生物等手段使整个污水处理系统向外排放的生物固体量达到最少。以前常用的污泥减量技术有隐性生长、解偶联代谢、维持代谢、生物捕食等。20 世纪 90 年代以来，人们发现超声空化更有利于污泥减量。超声空化，简言之指液体中的微小气泡核在超声波作用下被激化，表现为泡核的振荡、生长、收缩及崩溃等一系列动力学过程。在很高的声强下，液体中将产生大量空化气泡，它们随着声波改变大小并最终在瞬间破灭。气泡破灭时，将产生极短暂的强压力脉冲，并在气泡及其周围微小空间形成局部热点，产生高温、高压（3000 ℃、1000 个大气压）和具有强烈冲击力的微射流。空化发生时，液体的局部瞬间产生高温、高压、高剪切力和声化学反应。污泥中有机体的细胞壁必须在 500 个大气压的作用下才能破裂或者在微生物的分解中破裂。微生物分解是个漫长的过程，而超声波的空化效应是瞬间完成的。声化学反应是由于高温、热解和高活性的自由基引起的，是污泥中难生物降解有机物分解的原因。有人发现分子量超过 40000 的高分子物质可以被由超声空化引起的强大的水力剪切力所分解，进一步研究表明这种水力剪切力在频率 100 kHz 以下最为有效。最佳分解的频率为 41 kHz。

超声波能够明显改善污泥发酵产气能力。水力剪切比声化学反应对污泥分解更为重要，低频对污泥分解最为有效。众多文献表明，超声波作用使细胞壁粉碎，释放出胞内物质而胞内物质作为自产底物供微生物生长提高其对有机物的分解吸收能力，加快有机质进入细胞和代谢产物排出细胞的进程，从而使污泥沼气产率上升。污泥发酵时间与超声波处理时间对沼气产率也有很大影响，研究表明在 15 d 的发酵时间下超声波预处理 2 d 可以提高沼气产量 61%，而在 12 d 发酵时几乎没有变化。超声波处理污泥 40 min 比 10 min 的处理提高沼气产量 59%。厌氧污泥有机物释放通常滞后于菌胶团的破坏，23 kHz 下处理 96 s 即使是 0.47 W/cm^3 的高强度仍然不能改善污泥发酵。由上可知，超声波促进污泥脱水所需时间很短，而促进污泥发酵通常需要较高的超声波强度和较长的处理时间。

超声波能够明显改善污泥絮凝脱水性能更是污泥减量化的重要原因。要达到污泥减量之目的，必须尽可能地降低其含水率，而改善污泥的絮凝和脱水性能则是最大程度实现污泥脱水之途径。研究表明，超声波处理对污泥的絮凝和脱水性能具有显著的影响。超声波使污泥中的流态介质颗粒沉降性提高，同时改变了污泥的黏性和带电状况，破坏了污泥的胶体絮体结构使污泥黏滞性及颗粒的边界层效应降低，使污泥颗粒的有效碰撞增强，有效降低污泥中的结合水，从而改善了污泥的过滤性，使污泥比阻降低。上述作用均使污泥更易于脱水。另外，超声处理还使絮凝剂对污泥颗粒的吸附总量增加，为絮凝过程创造了有利条件。此外，低强度超声波可产生细胞原浆微流，提高细胞膜和细胞壁的穿透性并刺激生物体合成蛋白复合体。低强度超声波辐射对污泥活性有显著提高，采用 50 W/L 的功率密度辐射 10 min 后，污泥的 OUR 值较作用前提高了 129%，蛋白酶活性提高了 23.7%，脱氢酶活性提高了 24.6%。低强度超声波对污泥作用分为两个阶段：第一个阶段发生在 0～4 min，主要是作用在污泥絮体层面，表现为污泥絮体中 SCOD、TN 和 TP 溶出；第二个阶段对污泥生物体产生影响，微生物活性加强，OUR、TN 和 TP 都有较大增长。由此可见，超声波还能加快微生物生长，提高其对有机物的分解吸收能力，从而在整体上减少污泥量。德国弗朗霍大陶瓷技术与烧结材料研究所利用超声波将污泥体积和质量减少了约 20%。一套超声波装置在德国代特莫尔德市污水废水处理厂运行，污泥连续送入超声波反应器有 7 个超声发射极，每一发射极产生 12 kHz 至 20 kHz 频率的超声波。超声波杀死污泥中的细菌并分解固体物，从而使污泥较易脱水和释放出酶分解有机物，而且使降低污泥含水量所需的絮凝剂减少 25%。

5.1.3.3　促进污泥中氮、磷量的增加

有利于污泥资源化。研究表明，随着超声波作用时间的延长，污泥清液中的有机氮含量提高迅速。原因在于超声空化产生的剪切力使细胞破碎，释放出胞内的蛋白质和氨基酸。而氨氮和硝态氮的含量也随超声时间的延长而提高，应该是由于超声空化使一部分有机氮转化为氨氮与硝态氮。上述研究还发现污泥在超声波的作用下，磷化合物的含量与氮也有相似的变化。氮磷含量的增加有利于污泥的资源化。城市土壤与自然形成的土壤相比有机质含量低、有效养分含量低，大部分绿地土壤处于营养不足的状态，难以满足城市绿化植物生长的需要，如果将经过超声波杀菌、除臭处理后的高氮磷含量的污泥用于城市绿

化，既解决了污泥堆放问题又解决了城市绿化植物赖以生存的物质基础——土壤质量问题得到经济利益与环境生态效益的双赢。超声波处理后的污泥同样可用于农林耕地和牧业草地的增肥。据报道，污泥施于土地表面一年后，土壤上表面 20 cm 中的全氮、速效氮、全磷的含量都明显增加，土壤的容重、持水量和孔隙度也有一定程度的改善。如果能将经超声波无害化处理的污泥用于干旱、半干旱、盐碱地、矿山废弃地或沙漠地区的改良则更是保护生态、造福当代荫及子孙之善举。

5.2　超声波处理污泥影响因素

5.2.1　不同因素对污泥分解程度的影响

低频对污泥分解最为有效。使用 41 kHz、207 kHz、360 kHz、616 kHz、1068 kHz 和 3217 kHz 的频率进行了超声波处理污泥实验。在这样广的频率范围内他们均发现污泥中溶解性 COD 上升，但随着频率的升高 DDCOD 由高变低，显然低频对污泥分解最为有效。这是由于污泥被强大的水力剪切力破碎成小的碎块、细胞壁被打碎而释放出胞内物质的原因，且低频时水力剪切作用更为显著。频率在 20 kHz 时可以取得最好的效果。对污泥分解来说水力剪切作用比声化学反应更为重要。这是由于污泥中含有大量微小的颗粒和气泡，可以作为空化核的原因。污泥分解的程度和比能量输入（kJ/kg 污泥）有直接关系。要使污泥取得一定程度的分解低频时的比能量输入比高频的要小。

5.2.2　超声波对污泥絮体尺寸的影响

超声波对污泥絮体尺寸有一定的影响。在一个实验中采用的超声波频率是 20 kHz，作用时间是 20～120 min 不等，未处理以前污泥絮体的平均粒径是 98.9 μm。在 0.11 W/mL 的声能密度下，絮体尺寸几乎没有发生任何变化；在 0.22 W/mL 的声能密度下絮体粒径明显减少；在 0.33 W/mL 的声能密度下作用 20 min 后絮体粒径迅速减至 22 μm，经 120 min 减至 4 μm；在声能密度为 0.44 W/mL 时，经 20 min 后絮体直径减至不足 3 μm，再延长时间则变化很小。有人分别考察了声能密度为 0.11 W/mL 和 0.33 W/mL 的两种情况下超声波对污泥絮体尺寸的影响。发现在 0.11 W/mL 声能密度下，絮体尺寸经 60 min 由

31 μm 减至 20 μm，尺寸减小了 35%；在 0.33 W/mL 声能密度下，不到 20 min，絮体尺寸减至 14 μm。

5.2.3   超声波对不同细菌的影响

Jean 等人发现在 0.33 W/mL 声能密度下经 40 min 超声波处理后异养菌减少了 82%，而大肠杆菌减少了 99% 以上，并且溶解性 COD 经 60 min 作用后提高了 12 倍；而在 0.11 W/mL 声能密度下作用时间较短时，异养菌和大肠杆菌变化不大，只有在 60 min 以上才有明显减少，而且不管作用时间长短溶解性 COD 几乎保持不变。这种现象揭示在较高声能密度作用下，超声波可以把细菌分解，并使相当一部分固态 COD 转变为溶解态。同时，他们认为在 0.11 W/mL 和 0.33 W/mL 之间存在一个阈值，超过此阈值细菌的分解才会发生。Chu 等人也对大肠杆菌和异养菌进行了实验，发现声能密度为 0.11 W/mL 时经 60 min 后异养菌显著减少，120 min 后异养菌减至 60%。与异养菌相比，大肠杆菌更容易被分解，60 min 减至 41%，120 min 减至 36%；声能密度为 0.33 W/mL 时效果更为显著，经 20 min 后，异养菌减至 44%，大肠杆菌减至 3%。同时，他们也对细菌分解释放出的有机物进行了考察，原始污泥中 BOD/COD = 0.66，而且 SCOD（溶解性 COD）/ TCOD（总 COD）不足 1%。当声能密度为 0.11 W/mL 时，经超声波作用 120 min 后，溶解性 COD 增加了 40 倍，而且 BOD/COD 为 0.66 ~ 0.8。这说明细菌分解释放出的 COD 绝大部分是可生物降解的。由于活性污泥中异养菌数目远远大于大肠杆菌的数目，因此可以认为溶解性 COD 的释放依赖于前者而不是后者，而且这种释放需要一定的能量才会发生。

5.2.4   超声波分解污泥引起温度上升的现象

据报道，有人在实验中也观察到了温度上升的现象，在声能密度为 0.44 W/mL 时，2 min 内污泥温度超过了 55 ℃。为了考察温度对污泥分解的影响，他们把反应器的温度控制在 15 ℃左右，实验结果显示声能密度为 0.11 W/mL 时，没有出现固态 COD 转变为溶解状态；如果不进行温度控制，大约有 2% 固态 COD 转变为溶解态。这种效应在声能密度为 0.33 W/mL 时更为明显。为此他们考虑了究竟是超声波还是超声波引起的热效应对溶解性 COD 释放的作用。结果表明，单独在温度高的情况下，不足以破坏絮体结构，所以他们认为超声空化和由此引起的温度上升对于污泥分解是同样重要的。

5.3 超声波辐射活性污泥实验案例

5.3.1 超声波辐射活性污泥处理高浓度污水

超声波辐射活性污泥的预处理单元，以 COD、MLSS、污泥比耗氧速率（SOUR）为主要考察指标，探讨了低强度超声波辐射对活性污泥降解有机物的影响。

5.3.1.1 人工污水 COD 的影响

采用不同频率的低强度超声波辐射过的污泥处理相同 COD 浓度的人工污水时，混合液 SCOD 随反应时间的变化规律与对照样的基本相同。经 21 kHz 超声波预处理后的污泥在反应 9 h 时，其混合液 SCOD 浓度明显低于对照反应器的；而经 40 kHz 超声波预处理的污泥在反应 13 h 时，其混合液 SCOD 浓度略高于对照反应器的。这说明，不同频率的超声波对活性污泥降解有机物的效能会产生一定的影响。

5.3.1.2 污泥 MLSS 的变化

各反应器内污泥的 MLSS 随运行时间的变化。各反应器内污泥 MLSS 的变化情况与混合液 SCOD 的变化存在一定的关系，SCOD 浓度降低时，MLSS 上升；SCOD 浓度稳定后，MLSS 达到最大值并开始缓慢下降。反应的前 7 h，经超声波辐射的污泥，其 MLSS 与未经超声波辐射的污泥基本相同，但 7 h 后经超声波辐射的污泥的 MLSS 均高于对照样的，这表明超声波辐射在一定程度上会对活性污泥的增长起到促进作用。

随着基质不断被消耗，污泥活性逐渐降低，至内源呼吸阶段后 SOUR 的波动变小，污泥活性处于相对稳定的状态。经不同频率超声波辐射后的污泥在运行期间的 SOUR 值明显不同，经 21 kHz 超声波预处理后，污泥的 SOUR 值在运行的前 9 h 内几乎均高于经其他频率超声波预处理的，且在整个运行过程中均高于对照样的；而经 28 kHz 和 40 kHz 超声波预处理的污泥，其 SOUR 值高于或低于对照样的情况在整个运行过程中都存在。

5.3.1.3 低强度超声波辐射对微生物活性的影响原理

低强度超声波辐射对微生物活性的影响主要可归结为两方面：一是超声波对

细胞传质效率的影响，这主要是通过超声空化效应导致细胞壁通透性的改变来实现的；二是超声波对酶活性的影响。试验结果可以看出，经 21 kHz 超声波辐射的污泥，其 SOUR 值在整个运行过程中均高于对照样的，对 SCOD 的降解速率也有所加快，这表明适当频率的低强度超声波辐射可提高污泥的活性，促进其对有机物的降解。值得注意的是，试验采用运行前对污泥进行低强度超声波辐射的预处理方式，与直接对反应器中全部泥水混合物进行连续超声波处理的方式相比，本辐射方式在提高有机物去除速率的同时还降低了能耗，而且有试验证实低强度超声波对污泥活性的提高具有一定的持续性。从试验结果还可以发现，超声波的频率对污泥除污效率的影响具有一定差异，采用 28 kHz 和 40 kHz 的超声波预处理时对污泥降解有机物不仅没有促进作用反而还会产生抑制作用。理由是不同酶分子有不同的立体构象，导致其对超声波能量作用的敏感性不同。据推测，超声波可能仅对细胞代谢过程中的几个步骤有促进作用，而对于其他代谢步骤，超声波不但不会起促进作用反而会产生负面影响。由于在相同辐射时间和输入功率条件下，超声频率对超声场的性质有决定性作用，因此不同超声频率可产生不同的超声效应。由此可见，利用低强度超声波辐射污泥处理污水时，合适的超声辐射参数可能是影响处理效果的关键因素。

5.3.2　厌氧污泥脱水

5.3.2.1　基于生物沥浸法的市政厌氧污泥调理

根据市政厌氧污泥脱水需求，首先采用生物沥浸法对市政厌氧污泥进行调理，调理目的是改变市政厌氧污泥的脱水性，其调理过程如下。

利用电子天平称取适量的市政厌氧污泥，并将污泥放入到抽滤漏斗中将厌氧污泥中的其他杂质去除掉，在抽滤漏斗上先放一张微孔滤膜，该滤膜的孔径大小为 0.25 μm。将市政厌氧污泥中的杂质去除之后，加入生物沥浸功能的接种菌液，生物沥浸功能的接种菌液与市政厌氧污泥的比例见表 5-1。按照表 5-1 在市政厌氧污泥中加入生物沥浸功能的接种菌液。生物沥浸功能的接种菌液的制备也具有一定的要求，其成分主要为硫酸铵溶液、磷酸氢二钾、氯化钾、硝酸钙以及硫酸镁，利用 9 K 液体培养基对生物沥浸功能的接种菌液进行制备，上述试剂的比例为硫酸铵溶液：磷酸氢二钾：氯化钾：硝酸钙：硫酸镁 = 1 : 2 : 3 : 2 : 1。将制备后的生物沥浸功能的接种菌液加入厌氧污泥中，并且用透气薄膜将容器口封住，然后将其放入到 JHDDFSD 恒温振荡培养箱中进行振荡培养，将 JHDDFSD 恒温振荡培养箱的温度控制在 35 ℃以内，并且将其运行速率设定为 180 r/min，培养时间为 60 min。最后将酸化后的厌氧市政污泥取出，放在温度为 25 ℃左右的环境中待用。

表 5-1　市政厌氧污泥中接种菌液体积比例参照表

接种比例/%	市政厌氧污泥体积/mL	接种菌液比例/mL
0	130	10
10	120	15
20	110	30
30	90	35
40	80	45
50	70	60

5.3.2.2　基于超声波技术的市政污泥厌氧消化

在完成上述基于生物沥浸法的市政厌氧污泥调理的基础上，基于超声波技术对市政厌氧污泥进行脱水。由于市政厌氧污泥调理后，还会存在悬浮固体和部分细菌、微生物等，无法达到国家规定市政厌氧污泥脱水要求。因此，基于超声波技术，以市政厌氧污泥中的水声作为超声信号，通过检测超声的方式，发现水体在市政厌氧污泥中的占比，实现对市政厌氧污泥的脱水。

基于超声波技术机械浓缩脱水的具体流程为：（1）根据市政厌氧污泥体积，以 1∶50 的比例在好氧池倒入凝聚剂，并通过搅拌的方式使凝聚剂与市政厌氧污泥均匀接触，保证市政厌氧污泥能够在有限空间内充分与凝聚剂发生化学反应。（2）基于超声波技术，采集市政厌氧污泥中的水声作为超声信号，检测并提取市政厌氧污泥中存在的水声；在此基础上，当市政厌氧污泥出水液体的 pH = 9.0 时（即液体呈碱性），此时市政厌氧污泥中的金属离子与氢氧根发生化学反应，产生三氧化二铁物质，此种物质可与待处理的污染物发生电极反应，即负电荷与微粒呈现相互吸引的状态，以此使反应室底部出现絮凝物质，直接采用过滤的方式，对其进行过滤，即可完成技术的应用与杂质的去除。完成此步骤后，考虑到市政厌氧污泥中含有大量的废砂，废砂可能会与反应试剂发生二次作用，因此，选择控制市政厌氧污泥 pH 值的方式，降低废砂与絮凝试剂发生反应的概率，避免出现市政厌氧污泥在净化处理过程中出现二次污染现象。（3）使用生物沥浸法，通过其中的金属浸提技术，将反应生成后的生物沥浸法静置，一般情况下设定静置时间为 60 min，使污泥被夹在上、下两层滤布中间，实现对市政厌氧污泥的脱水。以此，完成基于生物沥浸法联合超声波技术的市政厌氧污泥脱水。

5.3.2.3　实验论证分析

实验以某市政污泥作为实验对象，从该市政厌氧污泥中抽取 10 份体积为 100 mL 的样本作为实验样本，该市政厌氧污泥各项理化性质为 pH 值为 6.15、含固率为 3.45%、化学需氧量为 36458 mg/L、SRF11.25×1012 m/kg、CST/78.45 s、有机质 69.15%。实验利用生物沥浸法结合超声波法与传统方法对该 10 份市政厌氧污泥进行脱水，脱水过程按照上文叙述的方式。实验在 2 h 后利用测量仪器测量各个实验样品的脱水量，并将其作为实验结果，对两种方法的脱水量进行对比分析，分析生物沥浸法联合超声波技术在市政厌氧污泥脱水中的可行性，实验结果见表 5-2。从表 5-2 中可以看出，此次设计方法脱水量较大，市政厌氧污泥脱水量可以达到 99%，而传统方法脱水量较少，远远少于设计方法，因此实验证明了生物沥浸法联合超声波技术在市政厌氧污泥脱水中具有良好的可行性。

表 5-2　两种方法脱水量对比

样品序号	实际含水量/mL	设计方法/mL	传统方法/mL
1	35	34.89	31.25
2	35	34.95	25.42
3	35	34.76	19.45
4	35	34.59	18.75
5	35	34.64	16.42

5.4　超声波处理污泥技术存在的问题

利用超声波技术处理污泥的研究已经取得了一些成果，但要使之成为一项成熟的污泥处理技术尚需解决以下几个方面的问题。

（1）适用性。从目前的研究结果分析，虽然已对若干种生物进行了降解研究，但多为单组分或少数几种组分模拟体系，而实际污泥通常含有很多种生物。如何进一步拓宽实验物系，尤其是针对难降解物系和实际多组分物系开展研究是超声波处理污泥技术面临的问题之一。

（2）经济性。虽然有文献证实，超声波降解污泥方面已在实验技术上取得比较满意的实效，但是从经济上来考虑与其他污泥处理方法相比较仍存在处理量小、费用高的问题。因此进一步探讨并优化降解的工艺参数，改进反应器结构以提高降解效率、降低成本是目前急需解决的问题。

（3）放大性。目前有关超声波降解污泥的研究大多属于实验室研究，对于特定体系还缺乏深入系统的研究和放大。使用的中间数据，由于声化学反应过程中存在的复杂性尤其是降解过程中的中间产物难以鉴定降解的机理、物质平衡、反应动力学等方面尚不明朗；反应过程还未能定量化描述以及规范化和定量化的尺度，这势必制约着反应器的放大设计及过程放大等进一步深入的工作。

6 污泥处理过程恶臭控制

6.1 恶臭种类和来源

污水处理厂污泥是污水处理过程中的副产物。随着我国城市生活污水处理系统的发展,污泥产量逐年增加。污泥富集了大量有机物、营养物质、病原微生物和重金属等有毒有害物质,在处理处置及储运过程中不可避免地释放恶臭气味,极易形成二次污染,在严重时可能会构成污染公害事件。尽管污泥产量仅为污水总量的0.3% ~ 0.5% (体积分数),但污泥处理过程是污水处理厂恶臭释放的主要来源。处理后的污泥若仍存在恶臭 (或较强烈异味),将在极大程度上限制污泥土地利用等多种处置方式的实施。除污水来源及其处理工艺外,污泥处理与处置工艺和实际运行对污泥的性质有较大影响,从而导致污泥在处理过程中和处置利用时的恶臭释放特征存在显著差异。因此,污泥恶臭污染有效控制是提高污泥处理效率、实现污泥资源化利用必须解决的技术难题。由于我国污泥产量快速增加,因此,对污泥恶臭污染控制的技术需求更为迫切。

6.1.1 恶臭的种类

污泥处理处置过程释放的恶臭物质主要包括含硫化合物、含氮化合物、含氧有机物、烃类化合物和卤素及其衍生物。其中,分子质量为30 ~ 150且易挥发的物质较常见。早期的研究多采用日本《恶臭防治法》中规定的六级恶臭强度评价法对城市污水处理厂释放的恶臭物质进行评估,发现其中含量排首位的是氨 (ammonia, NH_3),其次是硫化氢 (hydrogen sulfide, H_2S)、二甲基硫醚 (dimethyl sulfide, DMS);但甲硫醇 (methyl mercaptan, MM) 的臭气强度最大 (4.7级),其次是 H_2S (4.5级),均为强臭等级。近期研究表明,除 H_2S 和 NH_3 外,多种浓度较低的挥发性有机硫化合物 (volatile organic sulfur compounds, VOSCs)、含氮有机物和含氧有机物等挥发性物质,对污泥恶臭的形成具有重要贡献。实际上，污泥释放的恶臭气体常包含数十至上百种挥发性物质，其中仅少部分是造成恶臭的主要物质。我国学者测定报道了 40 种典型恶臭物质嗅阈值，可能仍有许多致臭物质尚未明确。其中，污泥处理处置过程中较常检出的恶臭物质嗅阈值及感官性质见表 6-1。污泥释放的恶臭物质在成分组成上可能具有一定相似性，但由于不同性质的污泥释放的致臭物质在化学浓度相对含量上的差异，常导致污泥表现出明显不同的恶臭特征。

表 6-1 污泥处置过程中主要的恶臭物质嗅阈值及气味特征

分　类	物　质　名　称	分子式	感官性质	嗅阈值/mg·m⁻³
含硫化合物	硫化氢	H_2S	臭鸡蛋味	0.0018
	甲硫醇	CH_3SH	烂菜心气味	0.0001
	二甲基硫醚	$(CH_3)_2S$	海鲜腥味	0.0055
	二甲基二硫醚	$(CH_3)_2S_2$	洋葱味	0.0463
含氮化合物	氨	NH_3	强烈刺激性气味	0.2277
	三甲胺	$(CH_3)_3N$	鱼腥味	0.0024
酸类	丙酸	CH_3CH_2COOH	刺激性气味	0.0288
	正丁酸	C_3H_7COOH	汗味、酸臭味	0.0051
醛类	乙醛	CH_3CHO	刺激性气味	0.0354
	丙醛	CH_3CH_2CHO	水果香味	0.0415
苯系物	甲苯	C_7H_8	芳香气味	0.4031
	乙苯	C_8H_{10}	芳香气味	0.0853
	苯乙烯	C_8H_8	塑料味	0.1581
	对二甲苯	C_8H_{10}	芳香气味、水果香味	0.5687

污泥恶臭污染不仅会降低周边人群的工作和生活环境质量，长期接触还会对人群健康产生负面影响。此外，部分恶臭物质为 VOCs 污染物，具有活泼化学性质的恶臭物质可与阳光或大气中的氮氧化物发生光化学反应及氧化反应，参与大气环境中臭氧和二次气溶胶的形成，是导致大气臭氧污染、酸雨和光化学污染等的重要前体物。

6.1.2　污泥恶臭物质的来源

恶臭污染特征与污泥的性质密切相关。污泥性质的差异体现在污泥中物质的组成和浓度，微生物群落结构，溶解氧、水分和 pH 值介质微环境条件 3 个方面，这些因素共同影响恶臭的产生和释放。因此，污泥恶臭物质的主要来源可归纳为底物释放和微生物代谢两大生成机制。

（1）底物释放。污水中存在多种恶臭物质和致臭前体物质，如有机质、硫化物和含硫蛋白质等，经污水处理过程（如沉淀、吸附）转移至污泥。这些底物在脱水、转移及运输等过程中，因受压或剧烈扰动等作用被释放出来。此外，污水与污泥处理过程中加入的某些化学药剂可与污水或污泥中无异味物质发生反应转化为恶臭物质，或是增强部分恶臭物质的挥发性。如在污泥的石灰稳定化过程中，阳离子聚合物和蛋白质通过酶水解降解形成三甲胺（trimethyl amine，TMA）和二甲基二硫醚（dimethyl disulfide，DMDS），随后加入的石灰导致污泥 pH 环境发生变化，促使 TMA 和 DMDS 释放。

（2）微生物代谢。在缺氧或厌氧条件下，微生物降解有机物生成还原性硫化物、含氮有机物、挥发性脂肪酸等具有腐败或刺激气味物质，极易形成恶臭污染。如 H_2S 和 MM 主要由缺氧条件下硫酸盐还原菌（sulfate-reducing bacteria，SRB）和甲烷菌等微生物的生命活动形成。含硫蛋白质在蛋白酶作用下分解为多肽，多肽再经肽酶作用分解为甲硫氨酸或半胱氨酸，然后在甲硫氨酸裂解酶和半胱氨酸裂解酶的作用下分别形成 MM 和 H_2S。厌氧细菌又可将 H_2S 和 MM 进行甲基化，分别生成 MM 和 DMS。挥发性含氮有机物（如胺类、吲哚和粪臭素）主要通过氨基酸脱羧作用和 L 色氨酸降解代谢等过程产生。水解细菌对污泥中的有机物（如淀粉、纤维素、半纤维素和果胶等）进行水解，形成小分子氨基酸、单糖和长链脂肪酸等有机成分。产酸菌利用这些水解产物进行厌氧发酵生成挥发性脂肪酸（volatile fatty acids，VFAs）、醇类、醛类和酮类等物质。而好氧细菌则通过对含氮有机物及细胞物质进行氧化生成 NH_3 和具有土霉味的物质。二硫化碳（carbon disulfide，CS_2）主要源于人为排放，无法由有机物降解或硫化物互相转化而产生，但在好氧和厌氧条件下可作为碳源被微生物降解，生成羰基硫（carbonyl sulfide，COS），再转化为 CO_2 和 H_2S。

综上所述，底物挥发释放和微生物代谢是污泥恶臭物质产生的主要途径，并易受处理处置过程中环境条件的影响。从微生物的功能作用机制来看，微生物驱动的恶臭物质生成与转化过程由一个或多个功能基因参与完成。

6.2 不同处理处置方式下污泥的恶臭污染特征与产生机制

国内外常用的污泥处理技术有脱水、厌氧消化、好氧消化、干化等，处置技术有土地利用、填埋、堆肥和焚烧等。我国污泥存在有机质含量低和含沙量高的特点，因此，形成了"厌氧消化土地利用""好氧堆肥-土地利用""干化焚烧-灰渣填埋或建材利用"和"深度脱水-应急填埋" 4 条污泥稳定化处理与安全处置的主流技术。由于经过不同处理和处置导致污泥性质存在差别，故形成的恶臭污染特征也具有较大差异。Fisher 等人比较了澳大利亚 6 个污水处理厂不同处理单元污泥释放的气味物质发现，浓缩、厌氧消化、脱水及储存过程中释放的挥发性物质差异明显，脱水和储存过程会释放浓度更高、种类更丰富的挥发性含硫化合物（volatile sulfur compounds，VSCs）、挥发性含氮化合物（volatile nitrogen compounds，VNCs）、卤代化合物、酮类和烃类等物质，从而揭示了不同污泥处理工艺对污泥释放恶臭的影响，以及污泥产臭的复杂性。不同处理处置方式下，污泥的恶臭释放特征与产生机制各不相同。

6.2.1 污泥浓缩与脱水过程

浓缩是污泥处理的第一步，常采用重力浓缩、气浮浓缩和离心浓缩等工艺降低污泥含水率。污水原有或生化过程中形成的 NH_3 和 VSCs 等恶臭物质吸附在污泥中，并在浓缩过程中不断释放。相对于污水处理厂中其他的功能区，污泥浓缩池和污泥脱水间产生的恶臭物质浓度通常较高。此外，浓缩过程较长的停留时间会形成缺氧环境，污泥中的微生物在厌氧条件下降解有机物形成恶臭物质。虽然污泥浓缩池常为密闭式，产生的污染物不易扩散，但浓缩过程中发生湍动会加剧恶臭气体逸出。实际上，未经历长时间厌氧处理的剩余污泥并不具有强烈恶臭，污泥浓缩过程中微生物参与的厌氧反应是主要的恶臭产生途径。对于无污泥稳定化的处理工艺，污泥浓缩后还需进行机械脱水处理。目前，污泥脱水过程也常采用封闭运行工艺，对释放的恶臭气体进行收集处理，以避免造成严重的恶臭污染。

在污泥浓缩与脱水过程中，NH_3 和 H_2S 的排放浓度较高，且具有夏、秋季高而冬、春季低的季节性特点。恶臭物质释放量随水温的升高而增加，而降雨可稀释污染物、降低水温和提高溶解氧浓度，从而降低恶臭污染物浓度。同时，还存在一些浓度相对较低的 DMS、DMDS、CS_2、硫醇、苯乙烯和二甲苯等恶臭有机物。Lehtinen 等人研究污水处理厂各单元 VOCs 释放特征发现，浓缩过程中乙醚和甲苯的释放量较大，其次才是 DMDS 和 DMS，且苯系物的含量为所释放 VOCs 的 80% 以上。又由于苯系物和醚类的嗅阈值较高，对恶臭贡献有限，则应归类为 VOCs 类污染物。

污泥脱水过程的恶臭气体释放量通常远高于浓缩过程，但对德国多个污水处理厂各处理单元恶臭污染贡献的研究发现，污泥脱水车间和污泥浓缩池的恶臭散发率分别为 17% 和 26%，浓缩池比脱水车间的恶臭问题更突出。这表明污泥浓缩与脱水过程中的产臭情况与工艺运行的具体参数密切相关，污泥水分、含氧量等参数的差异通过影响污泥中微生物的活性而在极大程度上决定着污泥产臭特征。

6.2.2　污泥厌氧消化过程

厌氧消化是污泥最终处置前最重要的稳定化处理方法。厌氧消化指在厌氧条件下，利用微生物代谢降解蛋白质、碳水化合物和脂肪等有机物，产生甲烷、CO_2 和水等消化气，从而实现污泥的减量化、无害化、稳定化与资源化。由于我国不同地区污泥存在差异，传统厌氧消化工艺运行不理想，故多采用热水解预处理的改良型污泥厌氧消化或多段式厌氧消化等高级厌氧消化工艺来解决以上问题。厌氧消化过程是封闭进行的，正常情况下消化气经妥当收集处理，不会造成严重的恶臭污染。但由于厌氧消化气中存在较高含量的还原性硫化物（尤其是 H_2S），不仅存在恶臭污染隐患，还可能造成设备腐蚀，降低设备安全稳定性和使用寿命。因此，应注意防范污泥厌氧消化气泄漏而引发的恶臭污染问题。此外，经厌氧消化处理后，污泥的恶臭强度有所降低，但污泥中残留的蛋白质在后续脱水和运输过程中会因受到剪切变得不稳定从而导致 VSCs 释放。不同性质污泥在厌氧消化后储存时会释放恶臭物质。对比其特征后发现，初沉污泥释放的恶臭总浓度排在首位，其次为混合污泥（初沉污泥和剩余污泥）、剩余污泥。

（1）VSCs。传统厌氧消化和高级厌氧消化工艺释放的主要恶臭物质均以 NH_3、H_2S 和 MM 为主，而经热水解预处理的高级厌氧消化工艺会释放产生更高浓度的 VSCs，推测是由于热水解预处理促进了含硫有机物的水解，使得其 pH 值较低。H_2S 不仅可以由硫酸盐或亚硫酸盐等无机前体物在厌氧条件下经 SRB 转化为 S^{2-}，与 H^+ 结合形成，还可以由污泥中含硫有机物（如含硫氨基酸）厌氧分解生成 MM、DMS 和 DMDS 等有机硫化物发生去甲基化形成。现有研究表明，在硫酸盐还原过程中，具有功能基因 aprA 编码腺苷 5'-磷酸硫酸酐还原酶、dsrA/dsrB 编码异化型亚硫酸盐还原酶的微生物可将硫酸盐、亚硫酸盐等还原为 H_2S 等硫化物。MM 由甲硫氨酸降解或 H_2S 生物甲基化反应生成，可经生物甲基化和氧化作用分别形成 DMS 和 DMDS。在厌氧条件下，污泥 H_2S 和 MM 的释放与脱氢酶活性显著相关，脱氢酶活性可用于表征环境系统中微生物的活性，其值越大，恶臭释放潜力越大。而 CS_2 主要来源于非生物反应，故在厌氧消化过程中监测到的 CS_2 一般由污泥自身携带。

在消化污泥短期储存期间，VOSCs 可作为底物随产甲烷菌等微生物活性恢复而最终被转化为甲烷和 H_2S。此外，有关消化气释放规律的研究表明，总 VOSCs 浓度随污泥厌氧消化停留时间的延长而降低；H_2S、MM、DMS 和 DMDS 的释放量随温度升高而增加，但温度对 H_2S 影响较大，在高温消化（55 ℃）时污泥释放的 H_2S 是中温消化（35 ℃）时的 3 倍。

（2）VNCs。厌氧消化工艺中 NH_3 释放量最大（741.60 g/t），远高于 VSCs（277.27 g/t）。但 NH_3 的气味检测阈值比 VSCs 高 2~3 个数量级，并非关键恶臭物质，故很多研究都未对其进行监测。NH_3 来源于具有功能基因 ureC 编码脲酶的微生物将污泥中的有机氮矿化转变为 NH_4^+ 并水解的过程。其释放量随温度升高而增加，在高温消化时污泥释放的 NH_3 浓度是中温消化时的 8 倍。厌氧消化污泥在脱水过程中释放的恶臭气体中偶尔可检测到具有低嗅阈值的 TMA。TMA 比单胺类物质更不易被微生物分解，故其释放量通常为其他胺类物质的 7 倍。

（3）其他恶臭物质。厌氧消化过程形成的 VFAs 易被微生物降解，因此，VFAs 的存在是产酸和产甲烷过程不平衡导致的。虽然高温消化时污泥释放的 VFAs 浓度为中温消化时的 2~5 倍，但仍低于其嗅阈值。此外，厌氧消化污泥在长时间储存过程中也常持续释放多种恶臭有机物，主要有对甲酚、吲哚、甲苯、苯乙烯、乙苯、3-甲基吲哚和丁酸等。这些 VOCs 主要通过污泥有机质（如氨基酸）分解产生，虽然释放量相对较低，但由于部分物质的嗅阈值较低且气味刺激性大，对污泥恶臭污染的形成具有重要贡献。如色氨酸降解产生粪臭味的吲哚和3-甲基吲哚；酪氨酸降解产生对甲酚；苯丙氨酸在厌氧条件下降解产生甲苯、苯乙烯和乙苯，有氧条件下先转化为酪氨酸再形成对甲酚；而丁酸则是对甲酚的降解或转化的产物。对甲酚和丁酸虽然是厌氧消化污泥脱水和储存过程释放的主要 VOCs，但其对气味的贡献较低。吲哚和粪臭素作为产甲烷菌和 SRB 的底物，可在污泥长时间储存过程中随微生物活性降低而被释放。实际上，笔者近期研究发现，在脱水后的高级厌氧消化污泥中检出的吲哚和粪臭素的浓度均高于处理前的原泥，亦与上述推测一致。

6.2.3　污泥好氧消化过程

好氧消化工艺主要适合中小型污水处理厂的污泥处理，其工作原理与活性污泥法类似，通过对污泥进行长时间曝气，将污泥中的细胞物质和有机质降解为 CO_2 等物质，实现污泥稳定化、无害化和减量化。运行良好的好氧消化工艺会形成无臭、腐殖质状的污泥。由于好氧消化产生的恶臭远低于厌氧消化过程，因此目前对该过程污泥恶臭释放的研究还十分有限。当前对自热式高温需氧消化工艺（autothermal thermophilic aerobic digestion，ATAD）释放恶臭气体的研究相对较多。该工艺在 55 ~ 60 ℃条件下进行污泥消化，可减少高挥发性固体和病原体，实现污泥高度稳定。但高温、高 pH 值的环境条件和还原性硫化物的释放会导致恶臭污染。如 ATAD 反应器中 pH 值升高会抑制硝化作用并促进 NH_3 形成；在有机负荷过载的情况下产生 VFAs，并在反应器中积聚导致恶臭。且大多数 ATAD 系统不能始终保持有氧条件，会形成高浓度的 NH_3、VFAs 和还原性硫化物（如硫醇、H_2S、DMS 和 DMDS），并随后从工艺废气、脱水和储存过程中释放出来。此外，由于脱水方式与消化性能存在差异，在两个不同场所进行好氧消化工艺，其恶臭感官特征亦出现明显差异。因此，污泥在某处理单元的产臭情况受其上游工艺和运行情况的影响，不同工艺进行合理组合是污泥恶臭污染防控的一个重要内容。

6.2.4　污泥堆肥过程

堆肥是一种简单且低成本的污泥处理处置技术，可分解有机物和杀灭病原体，最终形成类似腐殖质的稳定产物，将污泥转变为肥料或土壤改良剂。堆肥过程恶臭物质的生成大多在厌氧条件下形成，其机制与厌氧消化过程类似。污泥好氧堆肥过程中释放的恶臭物质主要包括 H_2S、NH_3 和 VOSCs，三者约贡献总气味的 80%。其中，VSCs 浓度虽相对较低，但对气味贡献大，为主要致臭物质。大多数恶臭物质产生于中温期和高温初期，如挥发性无机物、VOSCs 和苯，而降温期释放的恶臭物质主要为挥发性无机物。不同的前处理过程会对污泥性质产生差异，导致在堆肥过程中的产臭特征存在明显差别。对比分析生污泥与厌氧消化脱水后污泥的堆肥产物恶臭释放特征发现，生污泥 NH_3 和 VOCs 的排放量分别为19.37 kg/t 和 0.21 kg/t，而厌氧消化污泥对应排放低得多，仅为 0.16 kg/t 和0.04 kg/t；而且由于生污泥中可生物降解有机物含量较高，释放 VOCs 组分也更为多样。除引发气味问题外，NH_3 的释放还造成了堆肥产品的氮素流失。因此，降低 NH_3 排放是提高污泥堆肥品质的关键。

（1）VSCs。堆肥前期释放的 VSCs（H_2S、MM、DMDS、CS_2 和 DMS）占其总排放量的 70% 以上，且随环境温度的升高而增加。VSCs 的释放量虽然远小于NH_3，但总的气味强度相当于甚至高于 NH_3，会造成较强烈的恶臭污染。微生物产生的代谢物质会造成堆肥 pH 值变化，影响恶臭物质的形成和释放。酸性代谢物质分解（葡萄糖降解形成的有机酸）和碱性代谢物质分解（蛋白质降解产生的 NH_3）会导致污泥 pH 值降低和升高。H_2S 主要由高温阶段污泥中的含硫化合物大量分解产生，同时伴随堆体 pH 值升高。当 pH 值升至 8.5 时，H_2S 脱质子化为不易挥发的 HS^-。此时的污泥呈碱性，还可中和部分 H_2S，并抑制 SRB 生长，减少 H_2S 释放。尽管 DMDS 和 DMS 是堆肥过程最主要的 VOSCs，占总 VSCs 的80% 以上，但其对气味的贡献小于 H_2S。

（2）VNCs。NH_3 排放浓度最大（6 mg/kg 以上），占污泥堆肥所释放恶臭浓度的 90% 以上。但受污泥性质的影响，其释放量会具有明显差异。如不同来源的生污泥与厌氧消化污泥脱水后进行堆肥累积的 NH_3 排放量分别为 0.04 g/kg 和0.23 g/kg，推测是消化污泥中易生物降解形式的氮初始含量较高所致。对 NH_3释放规律的研究发现，堆体 pH 值较高时，易造成大量 NH_3 生成和挥发；高温阶段升高温度，NH_3 排放近指数增长；而提高堆肥含水率、降低通风速率可有效阻抑 NH_4^+ 聚积与 NH_3 释放。相比于 NH_3，胺类物质对人体危害更大，在极低浓度下即可引发人类的嗅觉刺激。Lazarova 等人发现，VSCs 和 TMA 是堆肥过程中主要的恶臭物质，其次才是排放浓度最大的 NH_3。而堆肥过程中与 TMA 相关的鱼腥味只在堆肥初始阶段被检测到。

（3）其他恶臭物质。在堆肥过程中还检测到芳香化合物、萜类、醛类、酮类和 VFAs 等恶臭物质。其中，土臭素的释放量可作为污泥堆肥稳定化的指标。大多数恶臭物质的释放量随堆肥温度的升高而增加；通风不足或污泥含水量较高会形成厌氧条件，进而产生 VOCs 和 VFAs。

6.2.5　污泥干化过程

简单的机械脱水并不能满足污泥处理要求，可采用干化技术实现污泥深度脱水。污泥干化处理中，微生物活性在高温下受抑制，挥发性物质主要通过各种恶臭前体物的物理化学作用产生和释放。经不同前处理的污泥进行干化时，产臭特征会存在明显差异。如 Murthy 等人对比了 4 种不同性质污泥进行干化的恶臭释放特征，发现在恶臭释放浓度、感官特征、持久性及强度方面均存在显著差异。

（1）VSCs。污泥干化释放的 VSCs 有 H_2S、COS、MM、DMS、DMDS 和 CS_2。H_2S 释放分为 2 个阶段，当温度低于临界温度时，随着水分的蒸发，溶解在水中或吸附在污泥颗粒表面的经硫酸盐还原和含硫有机物脱硫形成的 H_2S 被释放；当温度大于或等于临界温度时，含水率大大降低，使原本吸附在污泥颗粒表面的含硫有机物充分受热，导致 H_2S 释放量急剧增加。污泥 pH 值对 H_2S 释放也具有直接影响，中酸性污泥 H_2S 的释放量远大于碱性污泥。

（2）VNCs。NH_3 释放量可达恶臭气体总浓度的88%，主要发生在干化早期，由游离氨、碳酸氢铵和蛋白质等物质的受热分解产生。NH_3 释放和水分挥发同时发生，存在于不同形态水中的氨，随污泥中游离水、毛细水和吸附水的蒸发而被释放。溶于水的 NH_3 可与酸性物质（CO_2、脂肪酸）反应，转化为不挥发的 NH_4^+（如碳酸氢铵）。碳酸氢铵热稳定极差，在污泥干化过程中几乎全部分解为 NH_3。虽然 NH_3 的释放随温度升高而增加，但当污泥含水率降低到一定程度时，其释放量会明显降低。有机胺不仅是重要恶臭物质还是恶臭前体物。在高温干化条件下（300~500 ℃），污泥中蛋白质裂解产生的有机胺可再通过脱氨和脱氢作用产生 NH_3。

（3）其他恶臭物质。苯系物和 VFAs 也是污泥干化过程释放的主要 VOCs，其释放量分别可达 VOCs 的50%~75%和15%~30%。苯系物中各组分释放量的大小与污泥中含有的苯系物浓度呈正相关关系，升高温度会促进其释放。VFAs 主要有甲酸、乙酸和丙酸，可通过有机物（如脂类）的水热处理过程形成。而在干化早期，VFAs 排放量显著增加，但随含水量的下降而逐渐降低。污泥干化技术和机械脱水技术会对污泥性质造成明显改变，从而影响污泥在后续处置过程的恶臭特征。对比经不同脱水方式的厌氧消化污泥用于森林土地改良时两周内的恶臭释放特征，发现具有相似物理、化学和微生物特性的压滤和离心脱水污泥森林土地改良时释放的主要恶臭物质是 NH$_3$ 和 DMDS，同时还释放少量 DMS、CS$_2$、TMA、丙酮和甲基乙基酮；而具有尘状结构和高表面积的干化污泥森林土地改良一周后的微生物活性远高于另两种污泥，两周内恶臭污染也更为严重；除上述物质外，还会释放硫醇和 VFAs。

6.2.6 污泥焚烧处置过程

随着土地资源的减少及能源需求的增加，焚烧被认为是一种相对成熟的城市污泥无害化处置技术。有机物在高温焚烧过程中被完全氧化，产臭问题相对较轻。因此，目前对此过程污染物排放的研究主要集中在常规大气污染物（氮氧化物、硫氧化物）、重金属和多环芳烃等，对恶臭气体的研究相对较少。亦有研究指出污泥焚烧工艺会释放 NH$_3$、H$_2$S、TMA 和乙醛等恶臭物质。

6.2.7 污泥填埋过程

尽管填埋不能实现对污泥的资源化利用，但过去几十年来仍是常见的工业污泥和市政污泥处置方式。目前，常将浓缩污泥与其他固体废物混合进行填埋。混合填埋的污泥和其他有机废物在厌氧条件下分解产生的气体主要为甲烷和 CO$_2$，还包括醇类、烃类、卤代化合物和 CS$_2$ 等成分复杂的挥发性物质。尽管这些物质含量通常低于总排放量的 1%（体积分数），但仍会形成恶臭。通常，污泥填埋区 NH$_3$ 的释放量最大，但典型恶臭物质为 VSC、有机酸及部分 VOCs（胺类和醛类）等。Dincer 等人比较了土耳其伊兹密尔垃圾填埋场 5 月和 9 月不同类型的气味源，发现污泥填埋区域释放的恶臭气体以卤代化合物、酮类和醛类化合物为主；9 月份时由于氢氧化钙的加入及长时间高温蒸发使得 VFAs、酯类和卤代化合物浓度降低。

6.2.8 其他处置过程

土地利用和建材利用也是常见污泥处置方式。若污泥持续释放恶臭会严重影响污泥的资源化利用可接受度。污泥土地利用过程的恶臭释放特征受污泥性质和施用场地的影响。如对厌氧消化污泥和经厌氧消化的碱性稳定污泥土地利用时的恶臭释放特征进行研究时发现了 DMDS、DMS、CS$_2$、二甲基三硫醚、苯系物、萜烯和烷烃的释放，其中 DMDS 和二甲基三硫醚是主要的恶臭物质，但未发现 NH$_3$ 和含氮化合物的释放。由于污泥中可能含有重金属、病原体和有毒有害有机物等污染物，土地利用可能造成土壤污染、植物毒性等对人类和环境产生风险的问题，因此污泥的农田施用被严格限制。利用脱水污泥改良盐碱化土壤，污泥释放的恶臭气体有 NH_3、H_2S、MM、DMDS 和 DMS；施用一周后释放的 NH_3 和 H_2S 质量浓度分别为 0.18 mg/m^3 和 0.0076 mg/m^3，均低于《居住区大气中有害物质的最高容许浓度》（TJ 36—79）。

污泥建材利用是将污泥干燥后，与黏土等硅铝原料充分混合，经过加热或烧制等工艺后制成水泥、砖和陶瓷颗粒等。在此过程中，污泥会释放恶臭气体，对环境造成影响。黏土和污泥制成的陶瓷砖在烧结过程中会释放乙酸、乙腈、丙酮、CS_2、二氯甲烷和 MM 等 VOCs，但只有 MM 超过其嗅阈值，相对于污泥焚烧等其他过程产臭较轻。也有研究将污泥与硅铝建筑材料混合，制备具有"大尺度–中尺度–小尺度–微尺度"结构的多尺度复合颗粒，可解决污泥用作建筑材料过程中 VSCs 释放和其他气味问题。

6.3　恶臭控制措施

污泥不同处理与处置过程释放的关键恶臭物质在成分组成上具有一定相似性，差异主要体现在各组分相对含量上。VSCs、VNCs 和部分 VOCs 作为关键致臭物质通常具有高浓度稳定排放和低浓度波动排放两种模式；而部分污染物化学性质较不稳定，可发生转化，从而改变恶臭污染的特征。因此，解析识别关键污染物和污染特征是确定污泥恶臭治理方案的核心科学问题，并确保得出有针对性的恶臭污染治理手段。污泥恶臭污染减排措施主要有四个方面：一是源头减量，即在恶臭产生的源头采取有效措施控制恶臭物质的形成；二是过程控制，通过恶臭收集、工艺优化与设备优选尽可能抑制恶臭气体的生成和泄漏；三是末端处理，处理已产生的恶臭气体使其达标排放；四是排放管理，通过排放标准的制定实施实现对污染减排效果的最终管理和控制。现阶段，污泥恶臭气体的控制大多借鉴其他领域研究成果，尚处于发展的初级阶段，仍需不断加以完善、补充。

源头减量与过程控制可有效遏制污泥处理处置过程中恶臭气体的生成与排放，从根本上更高效地解决污泥恶臭污染问题，而排放管理则是从系统管理的角度保证污泥恶臭污染防控全流程的实施质量。恶臭的有效控制需要从这四个方面协同开展，才能系统上解决污泥的恶臭污染问题。

6.3.1 源头减量

热水解、机械预处理、酶预处理、化学调理和超声波技术等预处理技术可通过提高污泥稳定化效果从而减少污泥恶臭释放。热水解预处理通过在厌氧消化前对污泥施加高温（140～170 ℃）和高压（600～900 kPa），以增强消化器的处理能力，从而实现污泥有机质的更深度降解，在工业中广泛应用了20多年仍在不断发展。虽然厌氧消化过程中仍不能避免恶臭物质的产生，但脱水的高级厌氧消化污泥常以土霉味为主，其恶臭程度明显降低。化学调理主要以提高污泥脱水效率为主要目的，兼顾减臭控臭功能。常用调理剂及其对污泥减臭控臭作用模式见表6-2。虽然加入石灰、$FeCl_3$、氧化钙、明矾和微生物菌剂等调理剂在不同程度上可降低恶臭排放，但 Johnston 等人将过氧化氢、泻盐和高锰酸钾等调理剂加入已脱水的厌氧消化污泥中，发现没有一种调理剂对减缓污泥暂存和储存期间恶臭气体的释放有效。因此，如何在保证调理效能的基础上有效减少调理过程及后续工艺中的污泥恶臭气体释放，仍需开展进一步研究。除通过减量污泥有机质和调控介质环境条件参数外，还可通过添加微生物菌剂调整污泥微生物群落结构来改善恶臭释放。如将耐热科恩氏菌 LYH-2（Cohnella thermotolerans LYH-2）接种到污泥中能有效控制 H_2S 排放，并促进污泥堆肥腐熟。近年来，微曝气技术、联合预处理技术也被应用于污泥处理以提高处理效能。微曝气技术应用于厌氧消化系统时，可强化污泥有机质水解、增强稳定化效果，从而减少 H_2S 产生。对污泥储槽中的浓缩污泥进行曝气可抑制产臭细菌的活性，从而减少 VSCs 等恶臭气体的释放。超声波联合芬顿氧化预处理技术通过超声波处理促进了羟基自由基与污泥中 H_2S 及含硫化合物的反应，使 S^{2-} 浓度下降了1倍、SO_4^{2-} 浓度增加了近1倍，可有效减少污泥潜在的恶臭释放。此外，化学调理与机械预处理技术进行联用也能显著降低污泥 VSCs 的释放。然而，由于污泥密度和黏度较高，上述技术可能存在传质阻力带来的技术难点。因此，污泥恶臭的源头减量技术仍需进一步理论研究和应用验证。

表6-2 常用调理剂及调理模式

序号	作 用 模 式	调 理 剂
1	降低蛋白质生物利用度，降解蛋白质	明矾、亚硝酸盐、泻盐
2	作为电子受体，促进缺氧条件下降解	硝酸钙、硝酸钾

序号	作 用 模 式	调 理 剂
3	与硫化物、硫醇和蛋白质结合	$FeCl_3$
4	抑制微生物活性、提高 pH 值	石灰
5	提高甲烷菌活性	甲醇、生物增强剂
6	氧化有机物和恶臭物质	过氧化氢、高锰酸钾、次氯酸钾
7	吸附	活性炭、环糊精

6.3.2　过程控制

（1）臭气收集。臭气收集系统需考虑管道选型、加盖密封和送风方式等。密闭式结构的构筑物或设备，设置抽风管道进行废气捕集即可。如规模较大的堆肥厂（大于 10000~20000 t/a）应采用配备臭气处理系统的封闭式操作；而规模较小的堆肥厂可采用半透性覆盖层减少堆体恶臭释放或采用抽真空系统收集处理废气。地上式臭气收集管道常选用玻璃钢材质，而地下式臭气收集管道往往选用不锈钢、内壁玻璃钢外壁混凝土或内壁玻璃钢外壁不锈钢材质。对于需加盖密封以防止恶臭气体逃逸的构筑物或设备，主要的结构形式有钢筋混凝土顶板加盖、轻型骨架覆面加盖和钢支撑反吊膜结构加盖。如污泥浓缩池一般采用钢筋混凝土顶板加盖，根据不同的直径和设备的差异，其加盖方式主要有钢筋混凝土盖板结合侧面推拉窗、玻璃钢盖板和钢支撑反吊氟碳纤膜。送气方式分为适合密封效果好（如除臭一体化设备）的正压送气和密封效果略差（如除臭滤池）的负压送气。泄漏检测和修复（leak detection and repair，LDAR）技术是一种无组织 VOCs 控制技术，在石化行业广泛应用。该技术可对装备 VOCs 泄漏浓度实施定性或定量检测，及时修复发现的泄漏点，从而减少 VOCs 泄漏排放。针对 LDAR 技术在 4 个炼油厂的应用发现，通过修复 42%~81% 的泄漏组件，VOCs 排放量减少了 42%~57%。

（2）工艺优化。污泥停留时间、通风强度和剪切力等工艺参数会直接或间接影响含水率、温度和 pH 值等污泥的性质参数及工艺环境，进而影响甚至直接决定污泥的产臭特征。如污泥厌氧消化停留时间为 10 d 和 40 d 时，污泥释放的 VOSCs 相较于生污泥分别减少了 30% 和 50%。然而，工艺参数的选择往往需要考虑综合效果，不能只针对单一的恶臭问题。如堆肥混合物料中污泥比例增加会

导致 NH_3 和 H_2S 排放量增加，Sun 等人兼顾温度、NH_3、H_2S 和碳氮比等指标对污泥、树叶和稻草的混合比例研究就发现，尽管混合比为 4∶1∶1 时 NH_3 和 H_2S 排放量最低，但综合而言混合比为 5∶1∶1 时，其堆肥效果最好。

（3）设备优选。脱水是污泥处理过程中典型的产臭环节。脱水设备的选型不仅会影响工艺效果，还影响污泥恶臭排放。高固相离心脱水机的气味排放潜力要高于其他脱水设备。这是由于离心脱水过程较大的剪切力导致污泥絮体破坏，并释放生物可利用蛋白，促进微生物产臭。同时，污泥暴露在空气中，产甲烷菌活性降低使得 VOSCs 的降解被抑制，进一步导致恶臭释放量增加。设备的选取也不能只针对单一的恶臭问题，需要根据实际情况做出适宜的选择。带式压滤机和板框压滤机为开放式，污泥恶臭问题虽然较为严重，但可在占地面积大，地理位置偏僻的污水处理厂采用；而离心脱水机和叠螺式脱水机是全封闭运行的，对环境影响小，可在位于市区内或靠近人口密集度高的污水处理厂采用。近年来，随着智能化技术的深入发展，在强制通风静态垛工艺的基础上开发了智能控制好氧高温发酵工艺，对发酵过程中温度、氧气和臭气进行实时在线监测，并根据发酵状态进行反馈控制，代表了好氧发酵技术的发展方向。秦皇岛市绿港污泥处理厂采用上述工艺进行实时在线监测和软件智能化控制，可有效控制 NH_3 和 H_2S 的大量产生和释放。

6.3.3 末端处理

（1）物理法处理。物理除臭法包括吸附法、液体吸收法和大气稀释扩散法等。吸附法适合处理低浓度、高净化要求的恶臭气体。其中，活性炭吸附法应用最为广泛，对 VSCs 的去除效果较好，但对 VNCs 的去除效果则稍差。因此，目前研究集中在 VSCs（尤其是 H_2S）上，对 VNCs 和其他 VOCs 的关注较少。泥炭、沸石、硅和污泥衍生吸附剂等也用于恶臭吸附，但有关吸附技术的研究重点是催化及改性活性炭技术。在活性炭吸附法基础上开发出的催化活性炭除臭技术将 H_2S 和氧吸附在其表面并进行氧化，生成 SO_4^{2-} 及少量 SO_3^{2-} 和 S，同时将 NH_3 转化为 NO_2^- 或 NO_3^-，对 H_2S、NH_3 及整体的臭气去除率分别为 97.9%、86.7% 和 87.4%。催化活性炭除臭技术对低浓度、多组分的恶臭气体具有较好的处理效果，但同样存在对除 VSCs 外的恶臭物质去除效果一般的缺点。活性炭吸附法的另一发展方向是通过对普通活性炭改性，制备出吸附性及稳定性更优良的活性炭材料。液体吸收法适合处理大气量、高浓度的臭气，具有简单、安全、可回收和低成本的优点，但目前大多采用不进行溶剂回收的工艺进行 VOCs 净化，因此寻找具有低挥发性、高热稳定性和可再利用的吸收剂是该技术的重点。大气稀释扩散法将恶臭气体由烟囱排向大气，通过大气的稀释扩散以及氧化反应降低恶臭浓度，适用于处理中、低浓度有组织排放的恶臭气体，常与其他处理技术联用实现废气有组织达标排放。

（2）化学法处理。化学除臭法主要有化学洗涤法、化学氧化法、催化氧化法、直接燃烧法和催化低温燃烧法等。化学洗涤法是污水处理厂中最常用的恶臭减排技术之一，适用于处理大气量、高浓度的恶臭气体，如污泥稳定、干化和焚烧过程所产生的恶臭等。化学洗涤法通过使用酸液或碱液可有效去除 NH_3 或 H_2S，但难以去除 DMS、DMDS 和 CS_2 等疏水性 VOCs。而物理-化学溶剂法是目前处理天然气中 VOSCs 和酸性气体的常见方法，寻找脱除有机硫的稳定高效配方组分是其重要的发展方向。化学氧化法通过使用次氯酸钠、过氧化氢和高锰酸钾等氧化剂对还原性臭气物质进行处理。如高锰酸钾等氧化剂已被用于处理小规模堆肥过程中产生的气味，低浓度的氧化剂直接散布在堆肥堆上，可杀死和抑制微生物，并随使用浓度改变堆肥过程。直接燃烧法通过高温热解恶臭气体，较适合处理高浓度、高热值的废气，但初期设备投资较大，在城市污水除臭中应用较少。在化学氧化法和直接燃烧法的基础上，通过使用催化剂开发了加快还原性臭气氧化速度的催化氧化法和降低臭气燃烧温度的催化低温燃烧法。然而，催化剂多为贵金属，其活性随使用时间逐渐下降甚至失活，延长高价催化剂的使用寿命是催化氧化法和催化低温燃烧法的关键。近年来，一些高级氧化技术（低温等离子技术和 UV 光催化技术）被开发应用于恶臭治理领域。宁平团队发现，在直流电晕放电等离子体反应器中，COS 和 H_2S 的化学键被破坏后通过自由电子、氧化自由基和臭氧进一步氧化为含碳化合物（CO 和 CO_2）及含硫化合物（S、SO_2 和 SO_4^{2-}），COS 去除率分别为 90% 和 98%。然而，低温等离子体技术存在电耗高和安全性等问题，在 VOCs 污染治理领域曾一度禁止使用或单一使用，目前应用相对较少。对北京某污水处理厂收集的臭气采用光催化技术进行处理，发现光催化剂比例 WO_3：TiO_2 为 3.2：1 时，对硫化物的去除率可超过 90%。而 UV 光氧化和光催化氧化技术存在停留时间短和氧化不彻底等问题，更适合于和其他技术联用。总的来说，物理或化学法存在运行费用高及二次污染的风险，很少单独应用。

（3）生物法处理。生物除臭法利用微生物将恶臭物质代谢成无臭无害的产物，如 CO_2、水、硫酸盐和硝酸盐。该技术具有成本低、操作简单、绿色安全等优点，是物理或化学法的替代方法，亦是污水处理厂最常用的除臭技术。配备了恶臭处理系统的城镇污水处理厂有 78% 采用了生物除臭法。常规生物除臭法包括生物过滤法、生物滴滤法和生物洗涤法，可分别去除无量纲亨利系数等于或小于 10、1 和 0.01 的气态污染物。生物过滤法最早被应用于生物除臭，在污水处理厂恶臭治理中应用最为广泛，适用于去除流量大、浓度低的废气，对水溶性差的污染物去除效果较好。如对 NH_3、H_2S 和甲苯 3 种混合污染物进行处理，去除率分别可达到 98%、100% 和 40%。相比于国外，国内对含氮恶臭有机污染物的研究还比较少，我国学者研究发现生物过滤法对 TMA 的去除率可达 99% 以上。然而，生物过滤法处理 H_2S 和有机物时会产生酸性物质，导致微生物活性抑制、填料酸化及设备腐蚀的问题，故需要对 pH 值进行有效控制。此外，恶臭物质净化往往需要不同类型的微生物。如降解 NH_3 和 H_2S 的微生物通常为自养型，异养细菌易于降解亲水性物质，而真菌降解疏水性物质具有较大优势。但传统生物过滤法常采用单一反应器，不同类型的微生物难以共存并共同发挥作用，去除物质类型及能力有限。因此，目前许多工艺采用两段生物除臭法进行恶臭治理。相比于生物过滤法，生物滴滤系统的结构更简单，建设和运行成本更低，对易导致生物系统酸化的 VSCs 的处理效果更好，但对水溶性较差的废气去除效果稍差，适用于处理质量浓度不高于 500 mg/m³ 的 VOCs。相较于以上两种生物除臭法，生物洗涤法可避免生物质增长导致填料堵塞的风险，对流量大、污染物质量浓度大于 500 mg/m³ 的恶臭气体及亲水性物质（如醇、醛和脂肪酸）处理效果更好，但对水溶性差的污染物去除效果较差，可通过在液相中加入吸附剂和生物表面活性剂等促进对烷烃等疏水化合物的去除。总的来说，上述生物除臭法仍存在滤床易堵塞、疏水性污染物处理效果不好或微生物活性易受影响等问题。因此，有研究者提出采用活性污泥扩散法替代生物滤池等基于介质的处理系统，将收集的恶臭气体喷入污水处理厂的曝气池，通过吸收、吸附、冷凝及好氧微生物的生物降解作用处理恶臭气体；并针对疏水性物质开发了真菌生物反应器、膜生物反应器及双液相生物反应器；向生物滤池接种从富含 H_2S 的土壤和污泥中筛选出的嗜酸氧化硫硫杆菌 AZ11（Acidithiobacillus thiooxidans AZ11）后，H_2S 的去除率达99.9%。目前，生物除臭技术研究仍集中于高效生物降解菌的筛选、反应器中物质传质效率提升、新型填料研发和反应器内部微生态调控等方面。

（4）联用技术。单一除臭技术很难满足越来越严格的臭气排放标准，因此，合理采用多种恶臭控制技术形成较强的协同效应进行综合处理是进一步发展的趋势。采用的联用技术一般以生物法为主，物理/化学法为辅。其中，活性炭吸附-生物联用技术（如活性炭与生物滴滤法联用技术）是污水处理厂中常用的恶臭控制方法，在处理高疏水性恶臭物质（90%~99%）方面具有优异性能。然而，较高的吸附系统投资成本和运行费用，以及恶臭物质的复杂性和可变性仍是联用技术创新和应用的主要挑战。此外，两段生物除臭法联用、化学洗涤法-生物联用技术等也被广泛应用到污水处理厂中。近年来，有研究人员尝试将各种新兴处理技术与传统方法联用于恶臭废气处理，如非热等离子体-生物滴滤池联用、非热等离子体-UV 光解联用等。

6.3.4　排放管理

目前，我国专门针对污泥恶臭污染执行的是《恶臭污染物排放标准》（GB 14554—1993），其中规定了 NH_3、TMA、H_2S、DMS、DMDS、MM、CS_2 和苯乙烯 8 种典型恶臭物质的排放限值。此外，还有一些地方、行业或污水处理企业的大气污染排放标准对恶臭指标有排放要求。但值得注意的是，这些标准的执行虽然在一定程度上缓解了恶臭污染造成的不利影响，但频发的民众投诉表明部分标准所规定的内容或限值已不能满足当前恶臭污染复杂形势的需要。

6.4　污泥恶臭控制实例

6.4.1　污泥干化焚烧处理厂臭气防控

6.4.1.1　臭气来源

污泥有机质含量较高，容易产生厌氧发酵反应，产生氨气、硫化氢等较高浓度臭气，且对污泥进行加热会产生更多有机恶臭物质。污泥干化焚烧处理厂干化过程工艺流程如图 6-1 所示，污泥运输车经地磅称重后进入污泥卸料区，将含水率80%的市政污泥倾倒于污泥接收仓中，然后污泥通过安装于接收仓底部的破拱滑架及卸料螺旋将污泥送入污泥柱塞泵喂料螺旋，柱塞泵将污泥泵至污泥储仓。污泥储仓底部安装有破拱滑架及卸料螺旋，将污泥送入污泥螺杆泵，由其泵送至污泥干化机内，利用蒸汽间接加热，将湿污泥干燥到一定含固率后，半干污泥由柱塞泵输送至污泥焚烧炉焚烧处理。湿污泥干化过程中产生的尾气经冷凝后，不凝气体送入焚烧系统焚烧处理，冷凝水纳入厂内污水处理系统处理，结合上述污泥干化处理流程分析，主要产生恶臭的环节有：（1）污泥卸料过程：污泥运输车不严密、污泥洒落等；（2）污泥输送过程：污泥泵送、挤压等作用力导致污泥中臭气挥发出来；（3）污泥储存过程：污泥厌氧发酵过程产生臭气；（4）污泥干化过程：高温作用导致污泥中大量有机物挥发出来；（5）收集水池：冲洗水池中有大量污泥，污泥中有机物厌氧发酵产生大量臭气。

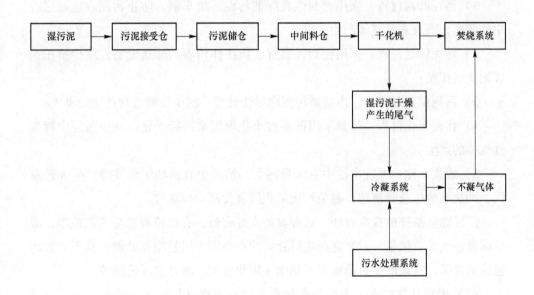

图6-1 污泥干化焚烧处理厂干化过程工艺流程

6.4.1.2 臭气组分

臭气大致分为含硫化合物、含氮化合物、卤素及衍生物、烃类、含氧有机物等。为了明确污泥处理厂臭气组分，对某污泥处理厂湿污泥车间及干污泥车间恶臭气体组分及浓度进行检测。结果显示湿污泥，污泥接收料仓、污泥储仓、中间料仓、干化机、焚烧系统湿污泥干燥产生的尾气、冷凝系统污水处理系统不凝气体均产生臭气，污泥产生的氨的浓度较高，另外还含有二硫化碳及多种有机成分组成，包括：芳香族化合物（如二甲苯、乙苯等）、卤代烃类（如二氯甲烷等）、含硫化合物（二硫化碳、二甲基硫醚等）、含氧有机物（如醇、酮、醛等）及其他烃类（如正己烷等）。其中，芳香族化合物所占的比重较大，占80%左右。

6.4.1.3 污泥处理厂臭气治理方法

目前，一般从三个方面来控制和治理恶臭气体：（1）源头控制，即在恶臭产生，采取有效措施控制恶臭物质的形成；（2）分类收集，对于不同特点的臭气可以进行分类收集；（3）末端治理，针对已产生的恶臭气体进行有效收集和治理。

（1）从源头控制，做好密封措施。

1）污泥卸料过程：采用密封性良好的污泥运输车辆，防止污泥在运输过程中的洒落，造成恶臭气体产生；

2）污泥输送过程：采用密封性良好、挤压作用弱的输送设备，减少挤压造成的臭气挥发；

3）污泥储存过程：厂内新鲜污泥应尽快处理，减少发酵过程产生的臭气；

4）污泥干化过程：尽量采用低参数干化温度来进行干化，减少污泥中挥发性气体的产生；

5）收集水池：冲洗水池中有大量污泥，污泥中有机物厌氧发酵产生大量臭气。冲洗水池应及时清理，避免污泥沉积厌氧发酵产生臭气。

厂区除臭系统前提应保证厂房和设备良好密封，有效控制恶臭污染范围，减少除臭系统无效风量，对恶臭源进行针对性小范围大风量除臭处理，从而有效增强除臭效果。常规的密封措施有不锈钢＋钢化玻璃、碳纤维反吊膜等。

（2）根据臭气特点，进行分类收集。结合项目臭气来源及特点，进行分类收集，通常分为两大类。

1）工艺臭气：主要是针对各项目设备内部、隔离密封区域内部进行臭气收集，例如市政污泥处理厂污泥接收仓、储仓、干化设备等，此部分臭气具有浓度高、量少且有机成分含量高特点。

2）车间环境臭气：主要是针对各项目恶臭源所在车间区域进行臭气收集。例如：市政污泥处理厂污泥接收车间和干化车间等，此部分臭气具有浓度低、量大的特点。

分类收集能有效结合臭气特点进行工艺选择及控制。

（3）组合式末端治理。恶臭气体治理就是将其隐藏、吸收、降解或破坏的过程。大致可以分为：物理法、化学法和生物法。对目前常见的除臭技术特性进行了分析，见表6-3。每种治理方法都有其各自特点，应根据污泥干化处理厂不同处理环节的臭气成分、浓度、温度、波动性等选择合适的治理方法。

表6-3 常见除臭技术特性分析

项目	物理法	生物法		化学法	
	活性炭法	生物法	植物液法	化学吸收法	光催化法、低温等离子法
机理	物理吸附	吸附、微生物代谢	吸附、微生物代谢	中和反应、氧化还原反应	氧化还原反应
应用范围	高、中、低浓度	低浓度	低浓度、开阔、面积较大场所	高、中浓度	中、低浓度
优点	对臭气没有选择性；吸附可逆，初期处理效果好	运行维护成本低，对低浓度有机臭气处理效果好	适合无组织排放源	抗冲击能力强，适应范围广，可以即开即停，技术成熟	可以即开即停，对于大分子臭气有一定处理效果
缺点	运行成本高，易吸附饱和，耗材保存要求高	抗冲击负荷能力差，驯化培养周期长，且影响因素多；对于难溶于水的污染物处理效果不佳；尾气会残留些许微生物本身味道	运行成本受植物液品质影响；处理效果一般，仅适合低浓度开阔环境；隐蔽作用大于吸附降解作用；常出现喷嘴堵塞情况	对于水溶性差的有机分子处理效果一般；运行及处理成本高	一般需要与洗涤塔串联使用以去除臭气中的粉尘；此类装置品质参差不齐；尾气一般会残留氧化剂的味道
占地	中等	中等	大	中等	小

6.4.2 污泥热水解处理产生的恶臭污染物治理

6.4.2.1 污泥热水解处理产生的臭气成分

污泥热水解处理产生的臭气烈度远远强于一般的污泥热干化臭气烈度，从国内的几个污泥热水解项目，如北京小红门污泥热水解、长沙的污泥热水解、中山民东污泥热水解，都出现项目工厂臭气弥漫，臭气问题必须得到解决，否则影响项目的连续运行。

6.4.2.2 污泥热水解处理产生的臭气治理技术原理和工艺

污泥热水解处理过程采用污泥直接用高温蒸汽水解污泥，使污泥破壁，污泥细胞中有机物分解，细胞中的蛋白质分解产生大量的硫化氢、甲硫醇、甲硫醚等恶臭物，恶臭污染物浓度见表6-4。如此高浓度高复杂的恶臭物，靠单一的臭气处理工艺根本无法达到达标排放，经过多次的试验，污泥热水解处理的臭气治理工艺采用多级处理工艺，能达到一个比较好的臭气治理效果。

表 6-4　恶臭污染物成分和浓度

恶臭物	浓度/mg·m^{-3}		
硫化氢	7768~15000		
硫醇	2664~15000	臭气浓度	230000~977237
硫醚	500~1557		
二甲二硫	600~1343		
二硫化碳	116~220		

污泥热水解臭气治理处理工艺采用催化氧化脱硫 + 碱洗喷淋 + 吸收液微雾吸收 + 生物除臭多级处理技术。

（1）催化氧化脱硫除臭技术原理：利用高活性、高硫容、可再生的催化氧化脱硫剂把硫化氢和硫醇、硫醚、二硫化碳和二甲二硫催化氧化成单晶硫等不臭物质。

脱硫反应：　　　$X_2O_3 \cdot H_2O + 3H_2S \longrightarrow X_2S_3 \cdot H_2O + 3H_2O$　　　　（6-1）

再生反应：　　　$X_2S_3 \cdot H_2O + \dfrac{3}{2}O_2 \longrightarrow X_2O_3 \cdot H_2O + 3S$　　　　（6-2）

（2）碱洗喷淋除臭技术主要作用是利用酸碱中和反应原理，去除硫化氢等酸性恶臭物。

（3）吸收液微雾吸收除臭技术原理：利用吸收液内活性碱物质形成微雾液点产生强大的吸附力，吸附气相中致臭致味物质，使之液化，进而和致臭致味物质发生中和反应、氧化反应，从而除去了废气中污染物。

（4）生物除臭是通过高效微生物为载体形成的生物除臭滤床，高效微生物菌种主要有：细黄链霉菌、米曲霉、氧化硫杆菌株、枯草芽孢杆菌、酵母菌属、微球菌属、酶等50多种高效菌种混合发酵配伍，微生物进行驯化后，形成微生物滤床，把废气中各种各样的恶臭等的代谢转化成无毒无害的二氧化碳、水及盐等，达到臭气净化的目的。具体的工艺流程如图6-2所示。催化氧化脱硫在污泥热水解处理产生的臭气治理中的应用催化氧化脱硫技术是利用高活性、高硫容、可再生的催化氧化脱硫剂把硫化氢和硫醇、硫醚、二硫化碳和二甲二硫催化氧化成单晶硫等不臭物质。

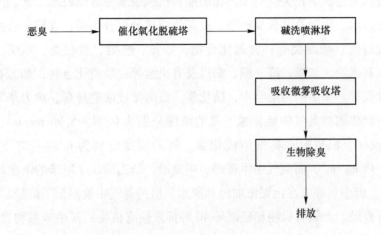

图6-2 除臭工艺流程

在污泥热水解处理臭气治理中，催化氧化脱硫剂功能是氧化甲硫醇、甲硫醚、硫化氢等恶臭物，最终氧化产物为单质硫。恶臭的去除率的高低与臭气在催化氧化脱硫剂床的停留时间有关，停留时间太长设备造价大幅提高，停留时间太短去除率又不理想，大量的实践表明，停留时间选择4～8 s是比较合适的，恶臭去除率实测的去除率达到90%～98%。

6.4.2.3 污泥热水解处理产生的臭气治理中生物滤池的设计

污泥热水解臭气治理中由于臭气浓度高，因此微生物的菌种选择及臭气在微生物滤床中的停留时间、填料类型成为关键。本项目中微生物的菌种采用：细黄链霉菌、米曲霉、氧化硫杆菌株、枯草芽孢杆菌、酵母菌属、微球菌属、酶等50多种高效菌种混合发酵配伍本项目中臭气，停留时间经过大量的试验，停留时间选择为25 s；填料选用生物组合填料，组合填料过滤通透性好，填料永不塌陷压实，组合填料由陶粒、多面球等组成，陶粒：多面球比例为10/1（体积比），陶粒和多面球形成多孔骨架，陶粒表面生长微生物形成微生物滤床。

6.4.3 城镇污泥脱水过程伴生恶臭控制

6.4.3.1 污泥脱水恶臭废气特点

恶臭组成及性质：恶臭污染物伴随城镇污泥脱水过程而产生，其组成与污泥性质和脱水工艺密切相关。对于污泥浓缩、机械脱水等常温脱水工艺，恶臭污染物来源于污水、污泥及其厌氧产物，按其组成成分可分 4 类：含硫化合物，如硫化氢、硫醇类、硫醚类等；含氮化合物，如氨、胺类、酸胺类、吲哚、粪臭素等；含氧有机物，如醇、醛、酮、酚以及有机酸等；烃类化合物，如芳香烃、卤代烃、烯烃等。众多的污染物中，硫化氢、氨的排放浓度最高。黄力华等人研究表明，污泥浓缩池臭气中硫化氢、氨的浓度分别为 0.09 ~ 5.96 mg/m³、0.13 ~ 11.24 mg/m³，机械脱水臭气中硫化氢、氨的浓度分别为 0.17 ~ 27.3 mg/m³、0.2 ~ 18.45 mg/m³，而臭气中甲硫醇、甲硫醚、苯乙烯、二甲苯的浓度均不大于 1 mg/m³。唐小东等人在污泥浓缩池和脱水机房的臭气中检测到了烷烃、卤代烃、烯烃、芳香烃、含氧有机物和硫醚等 40 种挥发性有机物，其中苯系物含量最高，各挥发性有机物浓度之和小于 1 mg/m³。污泥干燥过程产生的恶臭污染物来源还包括不稳定化合物受热分解产物，如一氧化碳、氮氧化物、二氧化硫等，其成分和浓度随加热时间及温度等因素影响较大。张灵辉等人将城市生活污水脱水污泥于 90 ℃ 干燥 1 h，在尾气中检测出氨、硫化氢及多种有机组分，如芳香族化合物、含硫化合物、含氧有机物、烃类等，其中氨的浓度为 4.9 mg/m³，远高于其他成分，其次为硫化氢，浓度为 0.2 mg/m³。恶臭污染物一般嗅阈值很低，具有刺激性或毒性，易造成嗅觉感官污染，危害人体健康。

6.4.3.2　恶臭污染的形成及影响因素

恶臭污染物的形成与污泥中微生物的活动密切相关。H_2S 的形成源于硫酸盐、亚硫酸盐的还原和含硫有机化合物的脱硫反应。硫酸盐在厌氧微生物作用下还原形成硫化氢，以式（6-3）表示。含硫有机物（以半胱氨酸为例）在厌氧状态下转化形成硫化氢的简化过程，以式（6-4）表示。含硫有机恶臭物质（甲硫醚、甲硫醇等）的形成存在含硫氨基酸的厌氧降解、硫化物的厌氧甲基化反应等多种途径。含氮恶臭物质（氨、胺类、吲哚及其衍生物等）的形成与污泥中的蛋白质、氨基酸、硝酸盐等含氮物质的厌氧生化反应有关，如胺类物质通过氨基酸的脱羧基反应产生。挥发性脂肪酸、醛类、醇类、酮类等挥发性有机物则是碳水化合物厌氧发酵的副产物。

$$SO_4^{2-} + 有机物 \longrightarrow S^{2-} + H_2O + CO_2 , \quad S^{2-} + 2H^+ \longrightarrow H_2S \qquad (6-3)$$

$$SHCH_2CH_2NH_2COOH + H_2O \longrightarrow CH_3COCOOH + NH_3 + H_2S \qquad (6-4)$$

恶臭污染物的形成受污泥成分、污泥停留时间、温度、湍流程度等因素的影响。污泥中氮、硫元素及有机成分的含量越高，恶臭污染物的产生量也相应越大。Lomans 等人研究表明含硫有机恶臭物质的产生量取决于污泥中硫化物和供甲基化合物的含量。缩短污泥的停留时间，降低了污泥厌氧腐败程度，有利于减少恶臭污染物的形成。眭光华等人研究表明，采用高效脱水机直接对污泥进行脱水处理时污泥脱水机房内硫化氢、氨的浓度明显低于常规脱水工艺，分析认为直接对污泥脱水缩短了污泥的停留时间和污泥发酵产生恶臭物质的过程，减少了恶臭污染物的排放。温度影响厌氧过程微生物的活性，在污泥干燥过程中，污泥中的热不稳定物质受热分解，形成新的恶臭物质。眭光华等人研究表明，污泥浓缩池硫化氢排放浓度具有夏季高、冬季低的季节性特点。Gomez-Rico 等人的研究表明，当污泥干燥温度为 80 ~ 120 ℃时，在干燥废气中挥发性有机物含量随温度变化不大。Weng 等人研究了干燥温度为 50 ~ 300 ℃时苯系物的释放特性，结果表明，苯系物主要在干燥温度为 200 ~ 300 ℃时产生，当干燥温度低于 100 ℃时，苯系物的释放量仅占总量的 5.09% ~ 7.34%。

6.4.3.3 污泥脱水恶臭控制技术

（1）源头控制。源头控制是通过优化污泥脱水工艺，抑制污泥脱水处理工艺过程中恶臭污染物的形成。常见的有调节 pH 值、投加药剂、减少污泥停留时间、降低污泥干燥温度等。一些研究表明当 pH 值低于 5.5 或高于 8.5 时，硫酸盐还原菌不能生长。将污泥初始 pH 值从 6.5 提高至 8.0，硫化氢的产生量可下降 44.7%。通过控制硝酸钙的添加量，可以有效地防止污泥中 H_2S 等恶臭污染物的形成。莫少婷等人研究表明丙酸钾对污泥硫化氢释放具有明显的抑制作用。Jaouadi 等人研究表明向污泥中添加 3% 的芦荟凝胶或水玻璃可明显减少 VOCs 的产生量，降低污泥的感官臭味。范海宏等人控制污泥干化温度小于 250 ℃、干化时间小于 30 s，同时将污泥与氧化钙按质量比 1∶1 混合，对 CS_2、H_2S 和 SO_2 的抑制率可接近 100%，分析认为氧化钙呈碱性，可抑制有机硫化物和脂肪硫的分解，同时释放出的 CS_2、H_2S 和 SO_2 是酸性气体，均可与氧化钙反应。

（2）末端治理。末端治理是对已经形成的恶臭污染物采取收集处理措施，以减轻或消除恶臭污染。常规的末端治理技术包括洗涤法、吸附法、高级氧化、掩蔽法、燃烧法、生物法等，各项治理技术的原理及优缺点见表 6-5。随着研究的深入，一些新型除臭工艺被不断开发。等离子体处理废气，采用具有更高能量利用率的滑动弧放电等离子体处理污泥干化模拟废气，当输入电压 11 kV、气体流速 4.72 m/s 时，该反应器达到最大处理效率；当废气中同时含 NH₃ 和 H₂S 时，能耗可降低 38%。高效降解菌处理恶臭，以有机无机混合填料，并接种专门筛选的高效降解菌来改进生物滤池除臭性能，该生物滤池对污泥臭气中的主要污染物处理效率达 95% ~ 99%，相比传统的生物滤池具有明显优势。从资源化的角度回收氮，研究表明废气中具有回收潜力的氮占污泥干重的比例可达 0.49% ~ 0.62%。大量的研究报告了汽提、化学氧化、生物转化等氮回收方法。这些研究和工程实践表明，单一处理技术往往只能高效处理一类或几类恶臭物质，对多组分恶臭废气，在处理成本、处理效率、适用浓度范围等方面具有局限性，难以取得理想的除臭效果。多技术组合工艺可协同发挥单一技术的优势，实现优势互补，在满足除臭效果的同时降低了处理成本，因而成为污泥脱水臭气处理技术的研究热点。针对不同工序阶段产生的臭气提出了分质分类处理的方案，其中污泥仓储臭气引入生物滤池或热力氧化炉处理，污泥热干化尾气引入水洗-碱洗装置处理，污泥储存库空间臭气采用 UV 光解原位处理。工程实践表明，该组合工艺对硫化氢和烟尘的去除率分别达 97.5% 和 99.7%。酸洗、非热等离子体、UV 光解及其组合工艺对污泥干化臭气的处理效果明显，研究表明，单独采用非热等离子体工艺时，臭气浓度的处理效率为 70% ~ 79%；采用非热等离子体 + UV 光解的组合工艺时，臭气浓度的处理效率提高至 70% ~ 83%；采用酸洗 + 非热等离子体 + UV 光解的组合工艺时，臭气浓度的处理效率达 90%。组合工艺的除臭效率明显优于单一处理工艺。

表 6-5　常见污泥脱水恶臭控制技术

技术名称	原　　理	优　　点	缺　　点
酸碱洗涤	中和吸收恶臭中酸/碱性物质	投资低，操作简单，对硫化氢、氨等酸/碱性成分处理效果好	运行费用高，对非酸/碱性成分无效，涉及危险化学品的储存、处置
氧化洗涤	利用循环液中的氧化剂降解恶臭	投资较低，操作维护简单	氧化剂费用高，涉及危险化学品的储存、处置，降解不完全
吸附法	利用活性炭将恶臭从气相转移到固相	效率高，可以处理各种恶臭污染物	吸附效果受湿度影响大，活性炭再生困难，运行费用高，涉及危险废物处置
隐蔽法	利用异味掩盖剂遮盖恶臭气味，从而控制恶臭	投资低，设备操作简单	药剂费用通常较高，不能彻底消除恶臭物质

技术名称	原 理	优 点	缺 点
燃烧法	高温条件下将恶臭氧化为无毒或低毒物质	效率高，可处理各种恶臭污染物	能耗大，存在二次污染，设计不良的燃烧器存在安全隐患
高级氧化	催化等产生强氧化剂处理恶臭物质	占地面积小，投资较低，操作维护简单	机理有待进一步研究，残留臭氧控制困难
生物法	利用微生物将恶臭污染物转化为无毒无害物质	操作维护简单，运行费用低、绿色、安全、无二次污染，可处理各种恶臭污染物	占地面积大，建设投资通常较高，对难生化处理物质处理效果低下

7 污泥的热处理技术

7.1 污泥的干化技术

污泥干化是指通过渗透或蒸发作用，从污泥中去除大部分水的过程。目前应用最为广泛的污泥干化技术有热干化和机械脱水两种，将污泥的含水率降低到一定程度。热干化技术包括直接热干化、间接热干化和直接-间接联合热干化。

污泥中含有大量有机物，因此从能源角度来讲，污泥是潜在的可再生能源。高旭等人对重庆市某城市污水处理厂的污泥进行了热值测定，结果表明，各工艺段的干燥污泥热值均在 12 kJ/g 以上，接近右江褐煤水平。然而，传统污泥处理工艺如填埋法、污泥消化、土壤改良等，因污泥含水率过高等问题，无法有效利用污泥资源，在一定程度上造成了能源浪费。不仅如此，由于污泥中一般含有许多有毒有害物质，使得污泥填埋技术存在潜在危害，尤其是重金属危害，如汞、铜、铬等元素会随降水等过程深入土壤和地下水中，造成二次污染。因此，如何实现污泥无害化、资源化处理成为污泥处理的主要研究方向。目前污泥处理的最大问题是其含水率高，无论是作为污泥燃料还是焚烧，污泥热值大部分或全部被消耗在水分蒸发上，无法实现污泥利用，甚至还需要额外能量用于焚烧污泥。因此，污泥干化就成为污泥处理的主要技术问题。

7.1.1 污泥干化技术原理

要使污泥能够得到更好的处置，含水率必须降到40%～50%，有些处置工艺甚至要求含水率降到20%～30%或更低，这就需要对污泥进行干化处理。

干化是一种污泥深度脱水方式，干化过程是将热能传递至污泥中的水，使水分受热并最终汽化蒸发，以降低污泥的含水率。利用自然热源（太阳能）的干化过程称为自然干化，使用人工能源作为热源的则称为热干化。

根据污泥的干燥特性曲线（见图7-1），污泥干燥过程分为三个区域：首先是湿区，污泥含水率高，在这个区域的污泥能自由流动，能非常容易地流入加热管；然后是黏滞区，在这个区域的污泥含水率为40%~60%，具有黏性，不能自由流动；最后是粒状区，这个区域的污泥呈粒状，容易和其他物质掺混。

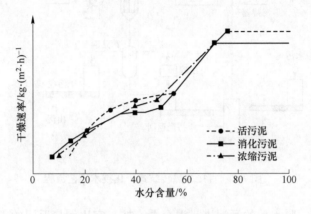

图 7-1　污泥的干燥特性曲线

当湿物料与干燥介质相接触时，物料表面的水分开始汽化，并向周围介质传递。根据干燥过程中不同期间的特点，干燥过程可分为两个阶段。

第一个阶段为恒速干燥阶段。在此过程开始时，由于整个污泥的含水率较高，其内部的水分能迅速地移动到污泥表面。因此，干燥速率为污泥表面上水分的汽化速率所控制，故此阶段亦称为表面汽化控制阶段。在此阶段，干燥介质传给物料的热量全部用于水分的汽化，物料表面的温度维持恒定（等于热空气湿球温度），物料表面处的水蒸气分压也维持恒定，故干燥速率恒定不变。

第二个阶段为降速干燥阶段，当物料被干燥达到临界湿含量后，便进入降速干燥阶段。此时，物料中所含水分较少，水分自物料内部向表面传递的速率低于物料表面水分的汽化速率，干燥速率为水分在物料内部的传递速率所控制。故此阶段也称为内部迁移控制阶段。随着物料湿含量逐渐减少，物料内部水分的迁移速率也逐渐减小，故干燥速率不断下降。

7.1.2　干化技术及干化设备

7.1.2.1　干化技术

A　直接加热转鼓干化技术

图 7-2 所示为带返料的直接加热转鼓式干化技术工艺流程。

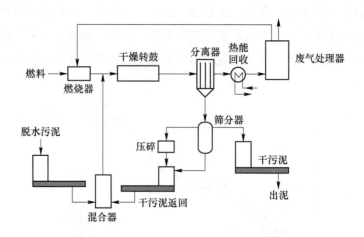

图 7-2　直接加热转鼓式干化技术工艺流程

工作流程：脱水后的污泥进入混合器，按一定比例与返回的干化污泥充分混合，调整污泥的含固率为 50% ~60%，然后将混合物料输送到转鼓式干燥器中。在转鼓内与同一端进入的流速为 1.2 ~1.3 m/s、温度为 700 ℃左右的热气流接触混合集中加热约 30 min，然后将烘干后的污泥输送进入分离器。在分离器中排出湿热气体进行热力回用，恶臭气体经过废气处理器处理达到环保要求的排放标准。分离器排出的干污泥，在经过粒径筛分器后将满足要求的污泥颗粒送到贮存仓待处理，部分大颗粒经过压碎返回至混合器与湿污泥混合再次进入干化系统。

干化的污泥干度可达 85% ~95%，该工艺在无氧环境中操作，不产生灰尘，进料的含水率可以调节，干化污泥呈颗粒状，粒径可以控制，采用气体循环回用设计减少了尾气的处理成本。

B　间接加热转鼓干化技术

图 7-3 所示为湿污泥直接进料、间接加热转鼓干化系统工艺流程。

干化机是由转鼓和翼片螺杆组成，转鼓通过燃烧炉加热，转鼓最大转速为 1.5 r/min；翼片螺杆通过循环热油传热，最大转速为 0.5 r/min。转鼓和翼片螺杆同向或反向旋转，污泥可连续前移进行干化，转鼓沿长度方向设温度分别为 370 ℃、340 ℃和 85 ℃的区域。翼片螺杆内的热油温度为 315 ℃。污泥经转鼓及翼片螺杆推移和加热被逐步烘干并磨成粒状，在转鼓后端低温区从干泥螺杆输送器送至贮存仓。

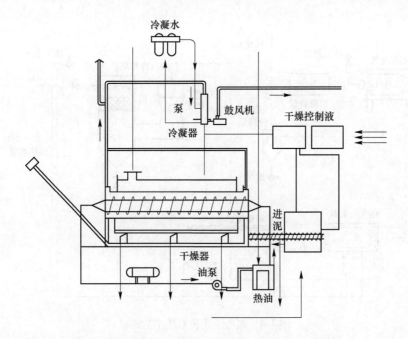

图 7-3　直接进料、间接加热转鼓干化系统工艺流程

该工艺流程简单，污泥干度可控，干化器终端产物为粉末状，所需辅助空气少，但占地较大，维护费用较高，能耗大。

C　离心干化技术

图 7-4 所示为离心干化机系统工艺流程。

污泥进入离心干化机后，先通过离心力的作用对污泥进行离心脱水，经离心脱水后的污泥呈细粉状从离心机卸料口高速排出，高热空气以适当的方式被引入离心干化机的内部，遇到细粉状的污泥并以最短的时间将其干化到含固率80%左右。干化后的污泥颗粒经气动方式以 70 ℃的温度从干化机排出，并与一部分湿废气一起进入旋流分离器进行分离，另一部分废气进入洗涤塔进行净化。

该工艺流程简单，省去了污泥脱水机从脱水机至干化机的存储、输送、运输装置。

7.1.2.2　干化设备

A　闪蒸式干燥器

图 7-5 所示为闪蒸式干燥器的工艺流程。

湿污泥与干燥后回流的部分干污泥混合后形成的混合物（含固率为 50% ~

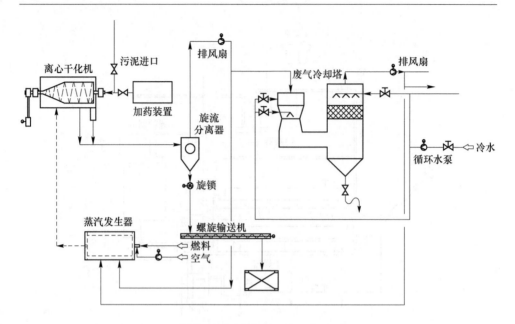

图 7-4　离心干化机系统工艺流程

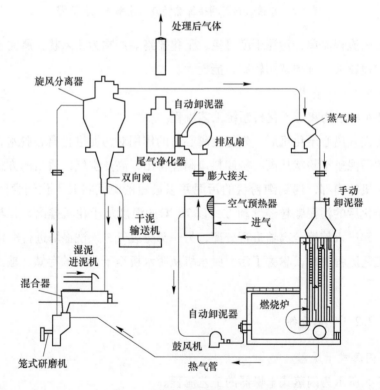

图 7-5　闪蒸式干燥器的工艺流程

60%）与受热气体（704 ℃）同时输入闪蒸式干燥器，污泥与高热气体的短暂接触传热后，污泥中水汽迅速蒸发，含水率降至8%～10%。然后再经旋风分离器作用将气固分离开得到干污泥产品和气体。干污泥一部分返回闪蒸式干燥器与湿污泥混合再次进入系统，其余部分则输出做后续处理和处置。

B 转鼓干燥器

（1）直接转鼓式干燥器：直接转鼓式干燥器的主体部分是与水平线呈3°～4°倾角倾斜的旋转圆筒，混合污泥从转筒的上端送入，在5～8 r/min 转筒翻动下与从同一端进入的热气流（649 ℃）接触混合，经过20～60 min 的处理，干污泥从下端徐徐输出，最终得到含固率90%以上的干污泥产品。

（2）间接转鼓式干燥器：间接转鼓式干燥器主要由定子、转子和驱动装置组成。通过转盘边缘的推进搅拌器的作用，污泥均匀缓慢地通过整个干燥器，从而被干化。污泥在干燥器内部的输送由推进搅拌器实现。为防止污泥黏附在转盘上，在转盘之间装有刮片，刮片固定在外壳上。

C 流化床干燥器

图7-6所示为流化床干燥器系统污泥流向示意图。

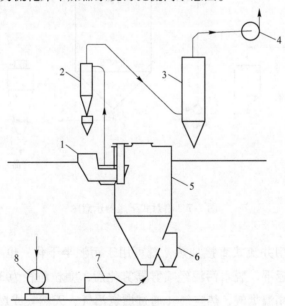

图7-6 流化床干燥器系统污泥流向示意图

1—脱水污泥斗；2—旋风分离器；3—湿式洗涤器；4—排气（废气）设备；5—圆筒形干燥器；

6—干污泥排出斗；7—燃烧炉；8—高压通风设备

　　流化床干化系统中污泥颗粒温度一般为 40~85 ℃，系统氧含量<3%，热媒温度为 180~220 ℃。推荐采用间接加热方式，热媒一般采用导热油，也可利用天然气、燃油、蒸汽等各种热源。流化床干化工艺既可对污泥进行全干化处理，也可半干化，最终产品的污泥颗粒分布较均匀，直径为 1~5 mm。

　　流化床干化工艺设备单机蒸发水量 1000~20000 kg/h，单机污泥处理能力 30~600 t/d（含水率以 80% 计）。可用于各种规模的污水处理厂，尤其适用于大型和特大型污水处理厂。干化效果好，处理量大，国内有成功工程经验可以借鉴，但投资和维修成本较高。当污泥含沙量高时应注意采用防磨措施。

　　D　喷射式干燥器

　　喷射式干燥器（见图 7-7）利用一个高速离心转钵进料，进料污泥通过离心力雾化成为细颗粒，并被喷洒在速干室的顶部，污泥中的水分在速干室内转化为热气体。

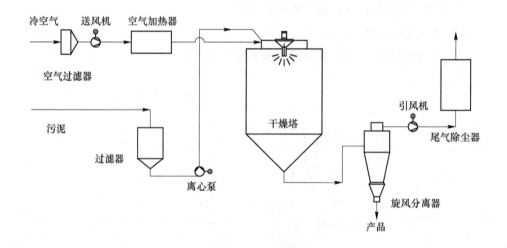

图 7-7　喷射式干燥器示意图

　　喷雾干化采用并流式直接加热，既可用于污泥半干化，也可用于全干化处理，且无须污泥返混。脱水污泥经喷雾器雾化后，颗粒粒径为 30~150 μm。热媒包括污泥焚烧高温烟气、热空气（通过燃烧沼气、天然气或煤等产生）、高压过热蒸汽，焚烧高温烟气为首选。如果热源采用污泥焚烧高温烟气时，烟气进塔温度为 400~500 ℃，排气温度为 70~90 ℃，此时污泥颗粒温度小于 70 ℃，干化污泥颗粒粒径分布均匀，平均粒径为 20~120 μm。

喷雾干化工艺设备的单机蒸发能力一般为5~12000 kg/h，单机处理能力最高可达360 t/d（含水率以80%计）。

E 卧式间接干燥器

卧式间接干燥器由带有一个或者两个装有用以搅拌和输送污泥的桨板、螺旋或者圆盘的转轴的水平套壁组成。卧式间接干燥系统如图7-8所示。热传递媒介在套壁、中空转轴和搅拌器内循环。脱水污泥可以与干污泥混合，也可以单独连续加入干燥器中。

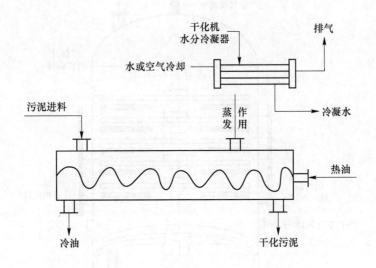

图7-8 卧式间接干燥系统

卧式转盘式干化可进行全干化处理，也可进行半干化处理。全干化工艺颗粒温度为105 ℃，半干化工艺颗粒温度为100 ℃，系统氧含量<10%，热媒温度为200~300 ℃。采用间接加热，热媒首选饱和蒸汽，其次为导热油（通过燃烧沼气、天然气或煤等加热），也可以采用高压热水。污泥需返混，返混污泥含水率一般需低于30%。全干化污泥为粒径分布不均匀的颗粒，半干化污泥为疏松团状。

卧式转盘式干化工艺设备单机蒸发水量为1000~7500 kg/h，单机污泥处理能力为30~225 t/d（含水率以80%计）。

F 立式间接干燥器

立式间接干燥器如图7-9所示。脱水污泥滤饼与干污泥混合，调节了进料的含水率，从干燥器上端进口进入。干燥器配备有若干圆盘，由热传递媒介加热。干燥器有一个带有旋转臂的中轴，旋转臂配有可调节的刮泥板，刮泥板在两个圆盘间移动同时翻动污泥，使污泥充分受热，直到在底部形成小颗粒状的干污泥。此过程能最大限度避免过细或过大干污泥颗粒的形成。

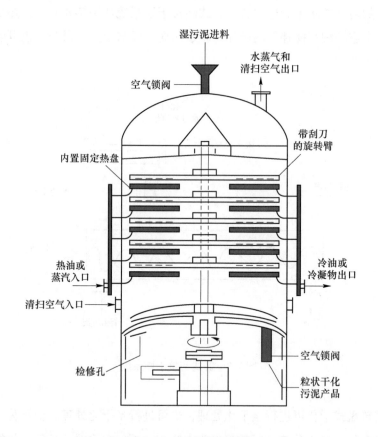

图 7-9　立式间接干燥器

　　立式圆盘式干化是立式间接干燥的一种，又被称为珍珠造粒工艺，仅适用于污泥全干化处理，颗粒温度为 40~100 ℃，系统氧含量 <5%，热媒温度为 250~300 ℃。采用间接加热，热媒一般只采用导热油（通过燃烧沼气、天然气或煤等加热）。返混的干污泥颗粒与机械脱水污泥混合，混合物料的含水率降至 30%~40%。干化污泥颗粒粒径分布均匀，平均直径为 1~5 mm，无须特殊的粒度分配设备。

　　立式圆盘式干化工艺设备的单机蒸发水量一般为 3000~10000 kg/h，单机污泥处理能力可达到 90～300 t/d（含水率以 80% 计）。

G 螺环式干燥器

螺环式干燥器是一个三歧管内部绕转式圆形装置，如图 7-10 所示。它是采用喷射粉碎原理，利用高速热气流驱动污泥的输送、干燥机碰撞粉碎而完成污泥干化处理的技术。

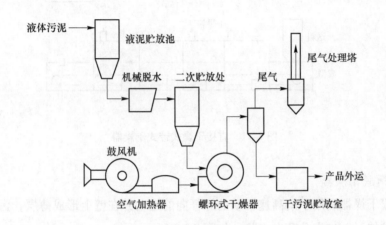

图 7-10 螺环式干燥器

需要干污泥返混，含水率为 50%～60% 的混合污泥在温度为 260～760 ℃，流速为 30 m/s 的高速热气流的冲击下进入污泥干化区，再在另一管道引入的高速热气流的强力冲击搅动下，迫使污泥在干燥器内发生螺环式绕转。当污泥干化到一定程度后，污泥颗粒间相互冲撞，污泥颗粒逐渐变小，质量变轻，干污泥被高速风力从气流出管带出，后经旋风分离器分离得到干污泥成品。

H 带式干燥器

在带式干燥器中，污泥经不锈钢丝网运输，热空气从钢丝网下方经网眼向上通过，使污泥与热气发生接触传热，从而将污泥中水汽蒸发带出。图 7-11 所示为直接干燥式带式干燥器。

带式干化有低温和中温两种方式。低温干化装置单机蒸发水量一般小于 1000 kg/h，单机污泥处理能力一般小于 30 t/d（含水率以 80% 计），只适用于小型污水处理厂；中温干化装置单机蒸发水量可达 5000 kg/h，全干化时，单机污泥处理能力最高可达约 150 t/d（含水率以 80% 计），可用于大中型污水处理厂。

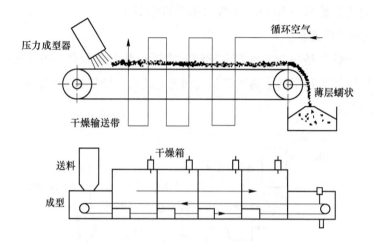

图 7-11　直接干燥式带式干燥器

I　薄膜干燥器

薄膜干燥器利用中间高速转动的螺杆向前运动并在壁上形成薄层，污泥薄层与受热壁接触，将水分蒸发去除，如图 7-12 所示。

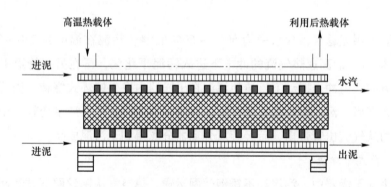

图 7-12　薄膜干燥器

J　喷雾式干燥器

此设备是将污泥通过喷嘴雾化成雾状细滴分散于热气流中，使水分迅速汽化而达到干燥的污泥干化装置（见图 7-13）。雾化污泥从顶部喷下，而温度高达 705 ℃的热气流从塔底往上，与污泥形成逆流，气-液经过短暂接触传热，污泥中的水分汽化，干污泥产品从塔底引出，尾气则经旋风分离器分离后，或回用热能，或直接送出做脱臭处理。

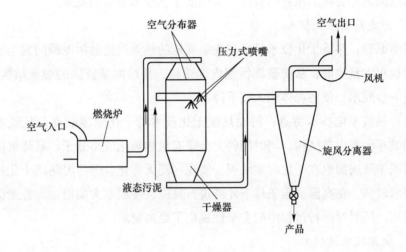

图 7-13　喷雾式干燥器

喷雾干化采用并流式直接加热，既可用于污泥半干化，也可用于全干化，且无须污泥返混。喷雾干化工艺设备的单机蒸发能力一般为 5 ~ 12000 kg/h，单机处理能力最高可达 360 t/d（含水率以 80% 计）。

7.1.2.3　新型污泥干化技术

A　太阳能干化技术

基本原理：太阳能作为一种清洁能源，在多个领域得到广泛应用。太阳能干化技术是利用太阳能来蒸发污泥中的水分，以实现降低污泥含水率、有效利用污泥的目的。太阳光中可利用的辐射波波长主要集中在 0.2 ~ 0.3 μm，是短波辐射。由于玻璃、塑料薄膜对于 3 μm 以下的辐射线有较好的透过能力，因此太阳光射线可以通过玻璃、塑料薄膜等透明材料。太阳光射线到达吸热板、污泥或空气，转化成热能，同时发射出波长为 3 ~ 30 μm 的远红外线。由于远红外线波长较长，被玻璃、塑料薄膜又反射回来，由此形成温室效应，使得温室内温度不断升高，实现对污泥的脱水。

太阳能干化技术的特点：利用太阳能干化污泥可充分利用可再生能源，设备制造工艺又相对成熟、技术要求相对较低，便于大规模推广使用，易于建设。但太阳能干化效率较低，干化时间长、占地面积大，同时易造成污泥内部的厌氧消化，产生恶臭气体，因此制约了太阳能干化技术的推广应用。但随着科技的发展，这些问题必会得到很好的解决，太阳能干化技术会得到发展。

B　污泥热液干化技术

基本原理：热液干化技术是通过高温高压的热蒸汽接触污泥瞬间发生液化反应，释放出大量热能，从而破坏污泥内部结构，使污泥菌胶团的细胞结构变性，经过进一步脱水，使污泥体积大幅下降。

污泥热液干化技术特点：污泥热液干化技术的干化效率极高，且脱水效果好，能破坏污泥内部结构，同时能将大分子有机物转化成小分子、易降解的有机物。污泥中致病菌也在干化时被杀灭，实现污泥无害化。但污泥热液干化技术对设备要求较高，在高温高压条件下才能进行反应，使成本大幅增加，普通废热难以被利用，同时对运行过程中的安全性提出了更高要求。

C　太阳能热泵技术

基本原理：该技术是热泵产生的热能和太阳能共同作用，对污泥进行干燥。热泵干燥是利用逆卡诺原理，冷媒在压缩机的作用下在系统内不断循环流动，吸收空气的热量并将其转移到干燥箱内，实现干燥箱的温度提高，配合相应的设备实现物料的干燥。太阳能是热泵的一种辅助热源，当光照充足时，可充分利用太阳能进行干燥。

技术特点：该技术节能、节煤、环保；利用太阳能为主要能源，能将含水量80%以上的泥浆干化成含水量30%以下的干料；该技术耗电小，运行管理费用低，蒸发1 t水耗电量为60～80 kW·h。经干化处理后，污泥体积可减小到原来的1/5～1/3，实现稳定化并保留其原有的再利用价值。系统运行稳定、安全、灰尘产生量少；自动化程度高、操作维护方便、使用寿命长；系统透明程度高，环境协调性好。

通过风机将环境中的空气引入系统中，在总进风管中分成两部分，一部分被热泵系统加热，一部分被太阳能真空管加热。加热后的高温空气合二为一，通过总进风管进入干燥箱中干燥污泥。热空气吸收蒸发的水分变成中温高湿的湿空气，湿空气一分为二，一部分通过支管Ⅱ进入热泵的蒸发器，将热量传递给蒸发器，温度降低，析出水分，变为低温低湿的空气，再经过热泵的冷凝器加热成高温低湿空气；另一部分通过支管Ⅰ进入中水换热器，将热量传递给低温的中水，温度降低，析出水分成为低温低湿空气，再经过太阳能真空管加热成为高温低湿的空气，两部分空气混合进入干燥箱。

7.1.3 污泥干化的安全性

在污泥干化、运输与贮藏过程中，存在着严重的自燃与粉尘爆炸的危险。污泥在全干状态下（含水率低于 20%），一般呈微细颗粒状，粒径较小，同时由于污泥之间、污泥和干燥器之间、污泥和介质之间的摩擦、碰撞，使得干化环境中可能产生大量粒径低于 150 μm 的超细颗粒（粉尘）。这种高有机质含量的粉尘，在一定氧气、温度和点燃能量条件下可能发生燃烧和爆炸，即所谓的"粉尘爆炸"。

在污泥干化技术工业化应用的同时，欧洲和北美污泥干化厂爆炸事故时有发生，从污泥的自燃到设备的爆炸，从个别小型附属设备到整个干燥生产线，无论有无制造或运行类似干化设备的经验，无论安全措施设计得多么复杂和完备，污泥干化厂事故始终没有断绝。

7.1.3.1 污泥干化过程中粉尘爆炸的特性

（1）粉尘爆炸下限浓度。可燃性爆炸浓度的下限一般为每立方米几十至几百克，上限可达 2~6 kg/m³。一般认为有机质粉尘的爆炸浓度下限为 20~60 g/m³。市政污泥的取值为 40~60 g/m³。

（2）最低含氧量。根据相关研究，保护性气体分别为氮气、二氧化碳和蒸汽时，粉尘燃烧爆炸的最低含氧量分别在 5%、6% 和 10% 左右。

（3）点燃能量。要造成粉尘爆炸，污泥必须具备一定的点燃能量。根据研究，市政污泥的点燃能量要求为几到十几毫焦。其大小与污泥的温度有关，随着温度的升高，其点燃能量要求也会改变，85~125 ℃ 的污泥其点燃能量低至 101~102 mJ。

7.1.3.2 污泥干化工艺中粉尘爆炸的主要影响因素

（1）粉尘粒径。多数可燃性粉尘的粒径在 1~150 μm 范围内，粒径小的粉尘，比表面积大，表面能大，所需点燃能小，所以容易点爆。

（2）气体含湿量。蒸发所产生的蒸气是最有效的惰性气体，增加干燥系统的湿度可降低粉尘浓度，提高点燃能量，降低氧气含量，是提高整体系统安全性的一个重要手段。

（3）环境温度与压力。环境温度的升高和压力的增加，均能使爆炸浓度范围扩大，所需着火能量下降。

7.1.4　提高污泥干化安全性的主要措施

7.1.4.1　完善设备设计和加强设备管理

现在污泥干化设备会采用一些针对性措施来完善干化设计和加强操作管理。在含氧量控制方面，间接加热器可附加氮气等保护气体来确保系统内氧气含量低于粉尘爆炸最低含氧量；直接加热器可通过加强气体循环来控制氧气含量小于最低爆炸含氧量。为方便管理和确保预防措施的有效性，可在系统内设置氧气监控设备，当氧气含量超过 8% 时，系统进行停机保护，预防爆炸的发生。为确保污泥一定的含水率，避免污泥过热而燃烧，当污泥得到一定含固率后就需要排出。

7.1.4.2　完善污泥干化技术

（1）干污泥返混量。进料污泥的含水率一般为 75% ~ 80%，但是污泥干化设备一般要求进料含水率低于 50%，所以大多污泥干化设备采用干泥返混工艺，将大量已经干燥到 90% 以上的细颗粒返回系统中进行混合。污泥返混会造成粉尘量的增大，所以对干污泥的返混量应进行严格的控制。

（2）逆流工艺。在干化系统中，存在一些干污泥颗粒由于不规则气流、挡板、通道折弯等的作用，可能形成逆流或紊流运动，这时与高热表面或气流相遇，就可能产生颗粒的过热，从而使粉尘增加。

7.1.4.3　系统内含氧量的控制

为降低污泥干化的粉尘爆炸危害，需要降低系统内的含氧量，所以干化系统必须实施闭环；同时，所有的干化系统都必须抽取一定量的气体排出闭环造成负压，从而避免干化系统中产生的不可凝气体在回路中饱和，避免气体从别的出口、缝隙外溢。在紧急停车，重新开机、关机、开机等操作过程中，必须使用惰性气体来控制回路，以避免加温和降温过程中，由于含湿量的变化导致含氧量超标。

对于直接加热的转鼓式干燥器，必须依靠复杂的监控系统来保证最低含氧量低于 6%；对于间接工艺的转碟和圆盘式干燥器，开机、停机等一切危险操作必须在严格的惰性环境下进行，其蒸气出口端的含氧量应低于 1%；间接加热方式的流化床工艺，其气量是干化工艺中最大的，所以其正常运行条件下最低含氧量要求低于2%；对于涡轮薄层干化工艺，正常运行状态下的最低含氧量允许值可高达10%。

7.1.4.4　污泥干化安全系统的构成与维护

污泥干化工艺和设备的安全性是由工艺本身决定的，所有其他安全性措施是对该工艺的补充。这些措施分别具有预防、干预和补救功能。典型的预防措施有：喷水系统、废热烟气/二氧化碳注射系统、氮气发生贮藏和注射系统、湿度压力和温度在线监测系统、在线氧气测量和反馈系统、泄压阀或爆破隔膜、制冷撤热系统、灭火装备和设施、隔离墙或屏障等。

具有预防性功能的如湿度、压力、温度监测仪表属于必备设备，对某些工艺来说，氧气测量系统是必备的。在正常开机、停机操作中使用的喷水系统、废热烟气/二氧化碳注射系统、氮气发生贮藏和注射系统均属于具有一定预防性功能的设备。预防性干预在于及时、迅速地建立严格的惰性环境。蒸汽、二氧化碳、氮气的惰性化能力是不同的，使用喷水方式进行干预，有可能在数十秒内使环境迅速惰性化，且成本低廉。

当出现紧急状况时，系统一般首先切断热源供应、湿污泥进料，启动紧急干预措施，包括喷水、氮气、二氧化碳等以形成惰性化环境，启动制冷撤热设备，将热源撤出等。

当出现较大险情时，则应动用灭火装备进行补救，疏散人员至隔离墙之外等。同时还需要考虑极端情况下的系统安全性。保持干化系统长期安全运行的必要条件包括：明确的操作指南，开机参数少，操作运行相对简单，稳定性高，工艺窗口宽，允许的氧含量、温度变化幅度大，报警少，维护量少，无大量机械件、滤网、结构物料频繁更换，紧急情况下处理方式简捷，且不造成系统必须冷机干预。维护的友好性是指人员不需要爬高、钻入不卫生环境进行手工清理，操作环境周围无造成人身意外危害的危险等。

7.1.5　污泥干化中的问题及解决办法

7.1.5.1　污泥黏结问题

城镇污泥的黏度很高，且干化过程中有一特殊的胶黏相阶段（含水率为60%左右）。在这一极窄的过渡段内，污泥极易结块，表面坚硬、难以粉碎，而里面却仍是稀泥，这为污泥的进一步干化和灭菌带来极大困难。

干料返混工艺可以解决这一问题。此工艺就是在干化器进料前先将一定比例含固率（90%以上）的干泥颗粒返回混合器与湿污泥混合，其过程中干粒起到如"珍珠核"的作用，湿污泥只是薄薄地包裹在干粒外面。控制混合的比例，使混合物的含水率降到30%～40%，这样可以使污泥直接越过胶黏阶段，大大减轻了污泥在干化器内的黏结，干化时只需蒸发掉污泥颗粒表层的水分，干化容易进行，能耗降低。

7.1.5.2　尾气处理和臭味控制

直接加热系统，引入外部空气经加热后通入干化器，蒸发污泥中的水分并运送污泥。离开干化器后热风与干污泥颗粒分离，然后经过除尘、热氧化除臭后排放。由于热风的量很大，使得尾气量大，处理成本高。

转鼓式直接加热工艺采用的气体循环回用的设计可以解决这一问题。在其干化工艺中，热风经过除尘、冷凝、水洗后，85%返回转鼓，只有15%需经过热氧化除臭后排放。这就降低了尾气处理的负担，更重要的是大大减少了外部空气的引入量，将转鼓内氧气的含量维持在较低的水平，避免爆炸的危险，从而很大程度地提高了系统的安全性。

7.1.6　污泥干化设备的分类

（1）按热介质和污泥接触方式。

1）直接加热式：将燃烧室产生的热气与污泥直接进行接触混合，使污泥得以加热，水分得以蒸发并最终得到干污泥产品，是对流干化技术的应用；

2）间接加热式：将燃烧炉产生的热气通过蒸气、热油介质传递，加热器壁，从而使器壁另一侧的湿污泥受热、水分蒸发，是传导干化技术的应用；

3）"直接-间接"联合式干化：即"对流-传导"技术的结合。

（2）按设备形式分可分为转鼓式、转盘式、带式、螺旋式、离心式干化机、喷淋式多效蒸发器、流化床、多重盘管式、薄膜式、浆板式等多种形式。

（3）按干化设备进料方式和产品形态。

1）干料返混系统：湿污泥在进料前先与一定比例的干泥混合，然后才进入干燥器，产品为球状颗粒，是干化、造粒结合为一体的工艺；

2）湿污泥直接进料，产品多为粉末状。

7.2 污泥的焚烧技术

7.2.1 基本原理

污泥焚烧（热分解）是指在高温（500 ~ 1000 ℃）下，污泥固形物在无氧气或者低氧气氛中分解成气体、焦油以及灰等残渣这三个部分的过程。污泥焚烧的处理对象主要是脱水泥饼，脱水泥饼含水率仍达 45% ~ 86%，含水率高，体积大，可将其进行干燥处理或焚烧。干燥处理后，污泥含水率可降至 20% ~ 40%。焚烧处理，含水率可降至 0，体积很小，便于运输与处置。

焚烧法与其他方法相比具有突出的优点：（1）焚烧可以使剩余污泥的体积减少到最小化，它可以解决其他方法中污泥要占用大量空间的缺陷，这对于日益紧张的土地资源来说是很重要的；（2）焚烧后剩余污泥中的水分、有机物等都被分解，只剩下很少量的无机物成为焚烧灰，因而最终需要处置的物质很少，不存在重金属离子的问题，焚烧灰可制成建筑材料等有用的产品，是相对比较安全的一种污泥处置方式；（3）污泥处理速度快，不需要长期储存；（4）污泥可就地焚烧，不需要长距离运输；（5）可以回收能量用于发电和供热。

7.2.1.1 污泥焚烧的原理和影响因素

污泥焚烧的原理是在一定温度，气相充分有氧的条件下。使污泥中的有机质发生燃烧反应，有机质转化为 CO_2、H_2O、N_2 等相应的气相物质，反应过程释放的热量则维持反应的温度条件，使处理过程能持续地进行。焚烧处理的产物是灰渣和烟气。

污泥焚烧的烟气，以对环境无害的 N_2、O_2、CO_2、H_2O 等为主要组成，所含常规污染物为 TSP、NO_2、HCl、SO_2、CO 等，其中 CO 与烟气中 CO_2 的比值可用于检定污泥焚烧气相可燃物的燃烬率，以燃烧效率（η_g）定义，如式（7-1）所示。

$$\eta_g = \frac{[CO_2] - [CO]}{[CO_2]} \times 100\% \tag{7-1}$$

式中　η_g——燃烧效率,%；

　　[CO_2]——烟气中二氧化碳的体积百分含量,%（V/V）；

　　[CO]——烟气中一氧化碳的体积百分含量,%（V/V）。

　　烟气中的微量毒害性污染物包括：重金属（Hg、Ca、Zn 及其化合物）和有机物（前述耐热降解有机物和二噁英等）。因此，焚烧烟气是污泥焚烧工艺的必要组成部分。

　　污泥焚烧还产生能量流，表现为高温烟气的显热，因此烟气热回收系统也是污泥焚烧的组成部分。

　　污泥焚烧处理的工艺目标由三个方面组成：热量自持，可燃物的充分分解，衍生产物（炉渣、飞灰、尾气）对环境无害。

　　污泥焚烧的热量自持（自持燃烧），即焚烧过程无需辅助燃料的加入，污泥能否自持燃烧决定于其低位热值。污泥的低位热值与其可燃分（挥发分）的含量、含水率和可燃分的热值有关，如式（7-2）所示。

$$LCV = \left(1 - \frac{P}{100}\right) \times \frac{VS}{100} \times CV - 2.5 \times \frac{P}{100} \tag{7-2}$$

式中　LCV——污泥的低位热值，MJ/kg；

　　　　P——污泥的含水率，%；

　　　　VS——污泥的干基挥发分含量，%DS；

　　　　CV——污泥挥发分的热值，MJ/kg。

　　污泥自持燃烧的 LCV 限值约为 3.5 MJ/kg，一般污水污泥（混合生污泥）的挥发分含量为 70%，挥发分热值 23 M/kg，因此自持燃烧的决定因素是含水率，据式（7-2）计算得自持燃烧最高限含水率为 67.7%，这超出了一般污泥机械脱水设备的水平，因此直接以脱水污泥为燃烧处理对象的焚烧炉，大多需使用辅助燃料（如含水率为 81% 的泥饼焚烧的轻装油耗比为 0.1~0.3 L 油/kgDS），污泥焚烧的经济性较差，使污泥焚烧更易达到能量自持的方法是采用预干化焚烧工艺，即利用焚烧烟气热量（直接或间接）对污泥进行干化预处理，使污泥含水率下降至 50%~60% 后再入炉燃烧。由于此工艺避免了相当部分污泥中的水分在燃烧炉内升温的显热损失，因此可使自持燃烧的含水率升高至 80% 左右，基本能与现有的污泥脱水水平相衔接。

　　污泥焚烧的可燃物充分分解目标与污泥焚烧衍生物的环境安全性有较大的关系，可燃物分解到一定的水平，可使大部分耐热降解的有机物基本分解，同时控制了二噁英类物质再合成的物质条件（气相未分解有机物），是主动改进污泥烟气排放条件的主要方向；同时可燃物充分分解意味着污泥热值得到充分利用，对污泥自持燃烧目标的达成亦有帮助。

污泥可燃物充分分解的指标除了式（7-1）已定义的燃烧效率（η_g）外，尚有燃烬率指标（η_s），如式（7-3）所示。

$$\eta_s = 100 - Org_R \tag{7-3}$$

式中　η_s——污泥焚烧燃烬率，%；

　　　Org_R——焚烧灰渣中的可燃物百分含量，%。

目前污泥焚烧先进的可燃物分解水平为：燃烬率≥98%；燃烧效率≥99%。影响污泥可燃分解水平的工艺因素，主要是污泥焚烧的温度、时间和焚烧传递条件。焚烧的温度和时间形成了污泥中特定的有机物能否被分解的化学平衡条件，焚烧炉中的传递条件则决定了焚烧结果与平衡条件的接近程度。

污泥焚烧的气相温度达到 800~850 ℃，高温区的气相停留时间达到 2 s，可分解绝大部分污泥中的有机物，但污泥中一些工业源的耐热分解有机物需在温度 110 ℃，停留时间 2 s 的条件下才能完全分解。

污泥固相中有机物充分分解的温度和停留时间则与其焚烧时由堆积体或颗粒度决定的传递条件有极大关系。一般堆积燃烧时固体停留时间应在 0.5~1.5 h 而当污泥粒径缩小至数毫米时，如在流化床中，则其停留时间在 0.5~2 min。以上均考虑气相温度≥800 ℃的条件。

污泥焚烧的传递条件除了颗粒度、堆积厚度外，还包括湍流混合程度，湍流越充分传递条件越有利。

污泥焚烧衍生产物的环境安全性除了烟气处理、灰渣处置系统的技术发展与优化控制解决外，源控制和燃烧过程控制亦十分重要。

鉴于焚烧烟气控制在净化烟气中的微量毒害性有机物、某些重金属（如 Hg）和 NO_x 时的相对低效性，污泥重金属的焚烧过程迁移与气相排放，应注重于工业源污水的分流控制，这也适用于一些耐热分解有机物的源控制。污泥燃烧控制主要对部分耐热分解有机物和 NO_x 的控制有效，但两者却给出不同的控制要求。充分的有机物分解要求将燃烧温度提升至 1100 ℃左右，过剩空气比应在 50%以上，而这恰是易由热诱导使空气中的 N_2 转化为 NO_x 的有利反应条件，会使尾气中的 NO_x 浓度升高，小于 850 ℃，过剩空气比控制在 50%以下，则有利于 NO_x 浓度的降低。

平衡两类污染物的燃烧控制要求的有效途径是强化燃烧过程的传递条件，如采用循环流化床燃烧工艺等，同时应更重视源控制的作用。

7.2.1.2　对环境的影响及解决方法

污泥焚烧产生大量带飞灰的烟气，这些烟气中含有多种有毒物质，如氮氧化物、二氧化硫、氯化氢、粉尘、重金属（汞、镉、铅等）和二噁英等，易形成二次污染。烟气处理工艺复杂、技术难度大、处理成本昂贵，因此，对烟气的治理决不能掉以轻心。

据现有资料看，绝大多数国外污泥焚烧烟气设备，已从过去的静电除尘与干式洗涤法相结合的处理法，转变为高性能静电除尘、湿式洗涤和脱硝设备相组合的处理方法。少数为去除二噁英、呋喃等有毒物质，还采用了袋滤式除尘设备与其他设备相组合的方式。如美国于1991年建的一套污泥焚烧设备就采用了干式洗涤器、消石灰喷雾、袋滤式除尘器，可有效地去除二噁英。日本还曾采用过湿式洗涤器、袋滤过滤器、脱硝反应塔。目前，除了采用袋滤式除尘器外，还广泛通过改善焚烧炉的燃烧状态以解决这一问题。即保持高温、保持燃烧时间，使污泥得以完全燃烧。

还有公司开发汇旋转雾化器去除酸性气体和二噁英，这种烟气净化系统有下列优点：（1）同样资金投入时，容量却可达到最大，提高20%；（2）发挥最大效率的全自动化操作控制系统，操作成本可达到最低。

针对焚烧后的具体环境影响因素作简单的分析如下。

（1）重金属。重金属主要是氢氧化物、碳酸盐、磷酸盐、硫酸盐等形式存在于污泥中，在高温下，绝大多数重金属化合物被蒸发，且被富集在飞灰中。在焚烧系统中金属以微米大小的颗粒释放出来，对人类造成极大的危害。有效的解决方法是一方面减少它们的来源，另一方面采取有效的装置从烟道气中除去飞灰，如流量计洗气法、电集尘器法和电离湿式洗气法，或向灰渣中掺加重金属固定剂等。

（2）汞。焚烧过程中，汞以气体形式存在。实验表明，汞离子在烟道气中可以通过湿式洗气法除去，主要和 HCl、Cl_2 及 O_2 反应形成化合物，也可以通过活性炭吸附进一步除去。还可以通过过氧化氢使金属汞转化为离子形式而除去。

（3）二噁英和呋喃。由于焚烧在高温下进行。而二噁英和呋喃在600 ℃的温度下完全被破坏，因此，为避免它们在烟道气中再生，一方面可以通过保持飞灰中碳的含量小于0.5%，另一方面使80%的飞灰在较高的温度下通过旋风除尘器除去，再通过活性炭吸附作用除去。

(4) SO_2、HCl 和 HF。污泥焚烧时产生的这些气体造成了空气污染。除去这些气体，主要是通过洗气法去除，或通过加入石灰，使其生成盐而除去，另外，采用后燃烟道气也是一种有效的方法。

7.2.2 污泥焚烧存在的问题

虽然焚烧法与其他方法相比具有突出的优点，但是随着焚烧工艺的使用，它所存在的若干问题也逐渐暴露出来。其一，焚烧需要消耗大量的能源，而能源价格又不断上涨，焚烧的成本和运行费均很高；其二，存在烟气污染、噪声、震动、热和辐射以及产生成为环境热点的二恶英污染问题。各发达国家都在制定更严格地固体焚烧炉烟气的排放标准，这也将给剩余污泥的焚烧提出更高的要求。所以，开发热效率高，并能把环境污染控制在最小限度的焚烧工艺成为当务之急。众所周知，在污泥焚烧的过程中会产生一定量的有害气体，例如 HCl、HF、SO_2 等。这些有毒有害气体势必会对空气造成严重的危害。针对这一问题，欧洲各国都制定了严格的标准。

美国纽约州能源研究和发展机构（NYSERDA）就增加氧气量的污泥焚烧技术进行了研究。研究结果表明：富氧气系统的焚烧炉运行更具灵活性且反应速度快，一方面可使产率提高（可提高约55%），另一方面又可使燃气消耗量减少，并且在燃烧过程中所产生的氮氧化物（NO），一氧化碳（CO）或总碳氢化合物（THC）和异味不会增加；2001 年意大利研究者 T. tito 等人针对循环式流化床焚烧炉处理污泥的工艺进行了研究。多核芳香族碳氢化物（PAH）的产生量要比意大利 $10\ g/m^3$ 的标准限量低得多。并且发现，二恶英（PCDDs）以及 PCDFs 这些有毒物质的浓度虽然超过 $0.1\ ng/m^3$（TE）的限量，但是在飞灰中的浓度却低得多，由此验证了在气化阶段被污染的可能性。并且 PAHs 和 PCDD/PCDFs 的浓度并不能依赖补燃器的操作控制；英国研究者 GillianHand Smith 论证了在污泥焚烧工艺中，氮氧化物 NO 和炉燃烧温度的关系，并为运行参数的最优化设计提供了非常宝贵的建议；加拿大 McGill 大学和加拿大能源与矿物研究中心碳化燃烧实验室对污泥的鼓泡流化床和循环流化床焚烧都进行了能量回收和污染排放分析，结果表明采用流化床技术处理废弃物不仅回收了可用能，而且烟气排放可满足苛刻的环保要求，既提高了污泥处理厂的经济性又保护了环境；曾庭华在 1997 年就污泥的凝聚结团特性、燃烧过程、热解特性及流化床焚烧污泥时产生的二次污染进行了相关研究；在 2001 年以高碑店污水厂的污泥为主要研究对象，分析了污泥的成分特点和燃烧特性，并在预防二次污染方面，通过分析重金属元素在污泥中的存在形式及对污泥焚烧前后重金属含量的变化进行检测，研究了重金属在焚烧过程中的迁移特性，并提出污泥灰渣处理的建议；中国台湾研究者 Rong ChiWang 和 Wen ChihUn 研究了用固体吸收物捕获流化焚烧炉内污泥中的残余金属（如 Pb、Zn、Cd 等），他们采用了一个实验室规模的流化焚烧炉，该流化床使用了不同种吸收物，例如石灰石、矾土、矽土和火山灰胶状黏土。在试验过程中，通过改变炉温、吸收物的种类、空气流速以及燃烧时间，来观察各种吸收物的性能。经过原子吸收光谱的测定结果表明，火山灰对于 Zn 的吸收效果最好，而矾土对于 Pb 又有极佳的效果，并且在流化焚烧炉内的污泥量能够减少约40%。

7.2.3　污泥焚烧工艺的主要影响因素

焚烧的目的侧重于减量（或减容）和燃烧后产物的安全化、稳定化方面，这一点与以获取燃烧热量为目的的燃烧是有差别的。因此，焚烧必然以良好的燃烧为基础，要使燃料完全燃烧。支配燃烧过程的有 3 个因素：时间、温度、废物和空气之间的混合程度。这 3 个因素有着相互依赖的关系，而每一个因素又可单独对燃烧产生影响。

（1）时间。燃烧反应所需的时间就是烧掉固体废物的时间。这就要求固体废物在燃烧层内有适当的停留时间。燃料在高温区的停留时间应超过燃料的燃烧所需的时间。一般认为，燃烧时间与固体废物粒度的 1～2 次方成正比，加热时间近似地与粒度的平方成比例。如燃烧速度在某一要求速度时，停留时间将取决于燃烧室的大小和形状。反应速度随温度的升高而加快，所以在较高的温度下燃烧时所需的时间较短。因此，燃烧室越小，在可利用的燃烧时间内氧化一定量的燃料的温度就必须越高。固体粒度越细，与空气的接触面越大，燃烧速度快，固体在燃烧室内的停留时间就短。因此，确定废物在燃烧室内的停留时间时，考虑固体粒度大小很重要。

（2）温度。燃料只有达到着火温度（又称起燃点），才能与氧反应而燃烧。着火温度是在氧存在下可燃物开始燃烧所必须达到的最低温度，因此燃烧室温度必须保持在燃料起燃温度以上。若燃烧过程的放热速率高于向周围的散热速率，燃烧过程才能继续进行，并使燃烧温度不断提高。一般来说，温度高则燃烧速度快，废物在炉内停留的时间短，而且此时燃烧速度受扩散控制，温度的影响较小，即使温度上 40 ℃，燃烧时间只减少 1%，但炉壁及管道等容易损坏。当温度较低时，燃烧速度受化学反应控制，温度影响大，温度上升 40 ℃，燃烧时间减少 50%。所以，控制合适的温度十分重要。

（3）废物和空气之间的混合程度。为了使固体废物燃烧完全，必须往燃烧室内鼓入过量的空气。氧浓度高，燃烧速度快，这是燃烧的最基本条件。对具体的废物燃烧过程，需要根据物料的特性和设备的类型等因素确定过剩气量。但除了空气供应充足，还要注意空气在燃烧室内的分布，燃料和空气中氧的混合如湍流程度，混合不充分，将导致不完全燃烧产物的生成。对于废液的燃烧，混合可以加速液体的蒸发；对于固体废物的燃烧，湍流有助于破坏燃烧产物在颗粒表面形成的边界面，从而提高氧的利用率和传质速率，特别是扩散速率为控制速率时，燃烧时间随传质速率的增大而减少。

7.2.4 污泥焚烧污染物控制的研究现状

焚烧过程包括分解、氧化、聚合等反应。燃烧所产生的废气中还含有悬浮的未燃或部分燃烧的废物、灰分等少量颗粒物。未完全燃烧产物有 CO、H_2、醛、酮和稠环碳氢化合物，还有氮氧化物、硫氧化物等。因废物组成不同，燃烧方式不一样，燃烧产物也有一定差异，以下就几种主要污染物进行讨论。

（1）氮氧化物的形成与控制。燃烧时氮氧化物是由空气中的氮及废物中的氮生成。燃烧时主要生成 NO，NO_2 只占总氮氧化物的很小部分。NO 和 NO_2 总称为 "NO_x"。因燃烧中生成的 NO 稍后在烟道和大气中被转化成 NO_2，所以 NO_x 排放以 NO_2 表示。燃烧过程中产生的 NO_x 分为两类。一类是废物中含氮的化合物由于燃烧被氧化生成的 NO_x，称为燃烧型 NO_x。另一类是炉内空气中的氮在高温状态下氧化生成的 NO_x，称为热力型 NO_x。这两类 NO_x 在焚烧过程中以燃烧型 NO_x 为主。降低 NO_x 的方法主要有：1）在燃烧过程中降低 O_2 浓度的生成抑制法；2）将发生的 NO_x 用还原剂还原减少排出量的排烟脱氮法。

（2）HCl 的形成与控制。HCl 是由废物中含的氯乙烯及其他含氯塑料，厨余中的氯化钠而产生。HCl 去除的方法大体分为干法和湿法。干法是反应生成物以干燥状态排出，湿法是以水溶液排出。干法又进一步分为全干法和半干法（或称半湿法），全干法使用干燥固体作反应剂，半干法用水溶液或浆料作反应剂。

（3）硫氧化物的形成与控制。废物中的硫元素在燃烧过程中与氧化合物生成 SO_2 和 SO_3，总称 SO_x。其中，SO_3 仅是很小的一部分，因 SO_3 不能由硫和氧直接反应产生，SO_3 需在催化剂（V、Si、Fe_2O_3 等）的作用下才能生成。烟气中 SO_x 取决于废物的成分，烟气中 SO_x 的控制一般采用烟气在排放之前通过气体净化或在燃烧过程中除硫。在燃烧过程中的除硫，是采用让烟气中的 SO_x 在炉膛里与某些固硫剂发生反应使之固定下来。如加入石灰或白云石等使硫固定在灰渣中。

（4）烟尘的形成与控制。废物燃烧时不可避免地会产生烟尘，它包括黑烟和飞灰两部分。由于废物中含有重金属，因此它们在燃烧过程中常以金属化合物或金属盐的形式被部分混到烟气中被排放，造成污染；或沉积在管道、室壁的表面，加速了设备的腐蚀，影响传热。防止烟尘的方法有：1）增加氧浓度，使其燃烧完全，常采用通入二次空气的办法；2）提高炉温，利用辅助燃料；3）采用恰当的炉膛尺寸和形状，使焚烧条件合适；4）对烟气进行洗涤、除尘等处理。

（5）二噁英的形成与控制。二噁英是多氯二苯并二噁英 PCDB（poly chlorinateddibenzo. P. dioxins）和多氯二苯呋喃 PCDF（polvchlorinateddibenzofurans）两类化合物的总称。二噁英的形成机理比较复杂，它发生的前提可概括为：1）要有有机和无机氯；2）存在氧；3）存在过渡金属阳离子作催化剂（如焚烧飞灰等）。抑制二噁英的生成可从 3 方面进行：1）改善燃烧条件，减少不完全燃烧大分子有机产物和碳的残量；2）阻止氯化过程（包括喷氨、加硫等方法）；3）阻止联芳基合成（用喷氨等方法毒化催化剂）。二噁英的控制主要从抑制发生和发生后有效去除两个途径来努力。抑制燃烧时二噁英的生成量，首先是改善焚烧炉内的燃烧状况，采用"3T"技术，即提高炉温（>850 ℃）；在高温区送入二次空气，燃烧，减少 CO、不完全燃烧产物和前躯体的生成量，从而抑制二噁英的生成量。未燃烧的碳粒或多环芳烃等在一定条件下会合成二噁英，这种合成在 300 ℃附近最显著，因此为防止这种合成，让除尘器低温化，即将除尘器入口气体温度降至 200 ℃以下；延长气体在高温区的停留时间（>2 s）等，改善燃烧状况，使废物完全充分搅拌混合提高湍流程度。另外，还可通过选用合适的焚烧炉炉型（如流化床焚）开发改进自动焚烧炉控制系统等更先进的系统，达到抑制二噁英的生成。

7.2.5　典型污泥焚烧工艺设备

为了完成污泥焚烧，必须采用一定的设备。污泥焚烧设备主要有立式多膛焚烧炉、流化床焚烧炉、电动红外焚烧炉和转窑焚烧炉等。

7.2.5.1 立式多膛焚烧炉

立式多膛炉起源于 19 世纪的矿物的煅烧，1930 年开始用于焚烧污水厂污泥。立式多膛焚烧炉的横断面图如图 7-14 所示。

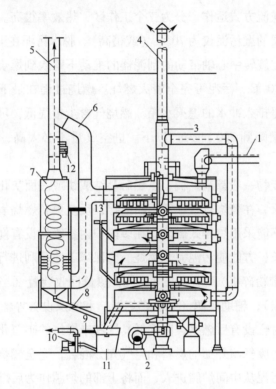

图 7-14 立式多膛焚烧炉截面图

1—泥饼；2—冷却空气鼓风机；3—浮动风门；4—废冷却气；5—清洁气体；6—无水时旁通风道；7—旋风喷射洗涤器；8—灰浆；9—分离水；10—砂浆；11—灰斗；12—感应鼓风架；13—轻油

立式多膛炉是一个内衬耐火材料的钢制圆筒，中间是一个中空的铸铁轴，在铸铁轴的周围是一系列耐火的水平炉膛，一级分 6~12 层。各层都有同轴的旋转齿耙，一般上层和下层的炉腔设有 4 个齿耙，中间层炉膛设 2 个齿耙。经过脱水的泥饼从顶部炉膛的外侧进入内、依靠齿耙翻动向中心运动并通过中心的孔进入下层，而进入下层的污泥向外侧运动并通过该层外侧的孔进入再下面的一层，如此反复，从而使得污泥呈螺旋形路线自上向下运动：铸铁轴内设套管，空气由轴心下增鼓入外套管，一方面使轴冷却，另一方面空气被预热，经过预热的部分或全部空气从上部回流至内套管进入到最底层炉腔,再作为燃烧空气向上与泥逆向运动焚烧污泥。从整体上来说,立式多腔炉又可分为三段。顶部几层为干燥段,温度为 425～760 ℃,污泥的大部分水分在这一段被蒸发掉。中部几层为焚烧段,温度升高到 925 ℃。下部几层为冷却段,温度为 260～350 ℃。

该类设备以逆流方式运作,分为三个工作区,热效率很高。气体出口温度约为 400 ℃,而上层的湿污泥仅为 70 ℃(或稍高)。脱水污泥在上部可干燥至含水 50% 左右,然后在旋转中心轴带动的刮泥器的推动下落入到燃烧床上。燃烧床上的温度为 760～870 ℃,污泥可完全着火燃烧。燃烧过程在最下层完成,并与冷空气接触降温,再排入冲水的熄灭水箱。燃烧气含尘量很低,可用单一的湿式洗涤器把尾气含尘量降到 200 mg/m³ 以下。进空气量不必太高,一般为理论量的 150%～200%。

由于污泥类废物一般都很黏稠,点燃后易结成饼或表面灰化覆盖在燃烧物外表上,使火焰熄灭,在焚烧过程中需不断搅拌,反复更新燃烧表面,使污泥得以充分氧化,所以不能采用炉排式燃烧。在多段炉内各段均设有搅拌面,物料在炉内停留时间也很长,方能使污泥完全燃烧。为保障工艺顺利进行,除焚烧炉外还需添置污泥器(带粉碎机),多点鼓风系统,热量回收装置(当设二次燃烧设备时,尤要注意此点),辅助热源(启动燃烧器)和除灰设备等辅助设备。

多腔炉后有时会设有后燃室,以降低臭气和未燃烧的碳氢化合物浓度。在后燃室内,多膛炉的废气与外加的燃料和空气充分混合,完全燃烧。有些多膛炉在设计上,将脱水污泥从中间炉膛进入,而将上部的炉膛作为后燃室使用。

为了使污泥充分燃烧,同时由于进料的污泥中有机物含量及污泥的进料量会有变化,因而通常通入多膛炉的空气应比理论气量多 50%～100%。若通入的空气量不足,污泥没有被充分燃烧,就会导致排放的废气中含有大量的 CO 和碳氢化合物;反之,若通入的空气量多,则会导致部分未燃烧的污泥颗粒被带入到废气中排放掉,同时也需要消耗更多的燃料。

多膛炉排放的废气可以通过文丘里洗涤器、吸收塔,湿式或干式旋风喷射洗涤器进行净化处理。当对排放废气中颗粒物和重金属的浓度限制严格时,可使用湿式静电除尘器对废气进行处理。

多膛焚烧炉具有以下特点:加热表面和换热表面大,直径可到 7 m,层数可从四层至十二层;在连续运行时,燃料消耗很少,而在才启动的头 1～2 d 内消耗燃料较多;在有色冶金工业中使用较多,历史也长,并积累了丰富的使用经验可供参考。多膛焚烧炉存在的问题主要是机械设备较多，需要较多的维修与保养；耗能相对较多，热效率较低，为减少燃烧排放的烟气污染，需要增设二次燃烧设备。

7.2.5.2　流化床焚烧炉

流化床技术最早用于在石油工业中催化剂的再生。流化床用于污泥的处理是流化床上的惰性材料（通常为砂子）与干化污泥一起被床底的进气托起呈悬浮状态（流化态），污泥在床层上部被完全燃烧。沸腾式流化床焚烧炉的横断面图如图7-15所示。

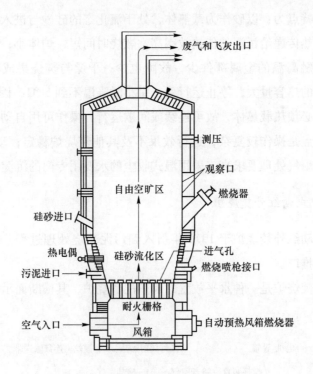

图7-15　沸腾式流化床焚烧炉示意图

高压空气（20~30 kPa）从炉底部的装在耐火栅格中的鼓风口喷射而上，使耐火栅格上的约0.75 m厚硅砂层与加入的污泥呈悬浮状态。干燥破碎的污泥从炉下端加入炉中，与灼热硅砂激烈混合而焚烧，流化床的温度控制在725~950 ℃。污泥在流化床焚烧炉中的停留时间大约为数秒（循环流化床）至数十秒（沸腾流化床）。焚烧灰与气体一起从炉顶部经旋风分离器进行气固分离，热气体用于预热空气，热焚烧灰用于预热干燥污泥，以便回收热量。流化床中的硅砂也会随着气体流失一部分，因而每运行 300 h，就应补充流化床中硅砂量的 5% 作为补偿，以保证流化床中的硅砂有足够的量。

污泥在流化床焚烧炉中的焚烧在两个区完成。第一个区为硅砂流化区，在这一区中，污泥中水分的蒸发和污泥中有机物的分解几乎同时发生；第二区为硅砂层上部的自由空旷区，在这一区，污泥中的碳和可燃气体继续燃烧，相当于一个后燃室。

流化床焚烧炉排放的废气净化处理可以采用文丘里洗涤器和（或）吸收塔进行。

流化床的特点为：以砂作为载热体，处于流化态的硅砂与进入的污泥及空气充分混合，将热传递给污泥，传热效率高，燃烧时间短，炉体小；流化床焚烧炉结构简单，接触高温的金属部件少，故障也少；干燥与焚烧集成在一起，可除臭；由于炉子的热容量大，停止运行后，每小时降温不到 5 ℃，因此在 2 d 内重新运行，可不必预热载热体，故可连续或间歇运行；操作可用自动仪表控制并实现自动化。缺点是操作较复杂，运行效果不及其他焚烧炉稳定；动力消耗较大，飞灰量很大，烟气处理要求高，采用湿式收尘的水要用专门的沉淀池来处理。

7.2.5.3　电动红外焚烧炉

第一台电动红外焚烧炉于 1975 年引入到污泥焚烧处理过程，但迄今为止并未得到普遍的推广。

电动红外焚烧炉是一种水平放置的隔热的焚烧炉，其横断面示意图如图 7-16 所示。

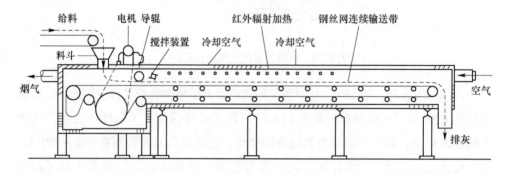

图 7-16　电动加热红外焚烧炉示意图

电动红外焚烧炉的主体是一条由耐热金属丝编织而成的传输带,在传输带上部的外壳中装有红外加热装置。电动红外焚烧炉组件一般预先加工成模块,运输到焚烧场所后再组装起来达到足够的长度。

脱水污泥饼从一端进入焚烧炉后,被一内置的滚筒压制成厚约 0.0254 m 与传输带等宽的薄层,污泥层先被干化,然后在红外加热段焚烧。焚烧灰排入到设在另一端的灰斗中,空气从灰斗上方经过焚烧灰层的预热后从后端进入焚烧炉,与污泥逆向而行。废气从污泥的进料端排出。电动红外焚烧炉的空气过量率为 20% ~70% 。

电动红外焚烧炉的特点是投资小,适合于小型的污泥焚烧系统。缺点是运行耗电量大,能耗高,而且金属传输带的寿命短,每隔 3~5 s 就要更换一次。

电动红外焚烧炉排放的废气净化处理可采用文丘里洗涤器和(或)吸收塔等湿式净化器进行。

7.2.5.4 转窑焚烧炉

转窑是一种工业上使用最普遍的装置(如水泥、冶金、采矿等),可将干燥和焚烧合并或分开进行。采用的燃烧温度为 900~1000 ℃,空气过剩量为 50% 。

转窑可作为干燥器,也可作为焚化炉。大部分余灰被空气冷却后在转窑较低的一端回收并卸出。飞灰由除尘器回收。整个系统在负压下工作,可避免烟气外泄。

7.3 湿式氧化

7.3.1 湿式氧化法原理

湿式氧化法(wet oxidation)是一种物理化学方法,是利用水相的有机质热化学氧化反应进行污泥处理的工艺方法,处理在高温(下临界温度为 150~370 ℃)和一定压力下的高浓度有机废水和用生物处理效果不佳的废水是十分有效的。由于剩余污泥在物质结构上与高浓度有机废水十分相似,因此湿式氧化法也可用于处理污泥。

湿式氧化处理污泥是将污泥置于密闭反应器中,在高温、高压条件下通入空气或氧气当氧化剂氯化剂,按浸没燃烧原理使污泥中有机物氧化分解,将有机物转化为无机物的过程。湿式氧化过程包括水解、裂解和氧化等过程。

污泥湿式氧化的过程实际上非常复杂，主要包括传质和化学反应两个过程。通常认为：

湿式氧化反应属于自由基反应，包含了链的引发、链的发展、链的终止三个阶段。

在污泥湿式氧化过程中污泥一部分有机物被氧化转化到污泥上清液，经湿式氧化后，污泥脱水性能极佳，灭菌率高。从 20 世纪 60 年代美国出现工业化应用以来，到 1979 年为止，世界各地共建造了 200 多座采用湿式氧化工艺的污水和污泥处理厂。

在污泥湿式氧化过程中污水厂污泥结构与成分被改变，脱水性能大大提高。城市污水厂剩余污泥通过湿式氧化处理，COD 去除率可达 70% ~ 80%，有机物的 80% ~ 90% 被氧化。湿式氧化与焚烧在技术机制上具相似性，故又称为部分或湿式焚烧。

7.3.2　湿式氧化主要影响因素

（1）氧化度。对有机物或还原性无机物的去除效果，一般用氧化度表示。实际上多用 COD 去除率表示氧化度。

$$氧化度 = \frac{湿式氧化前\,COD\,值 - 湿式氧化后\,COD\,值}{湿式氧化前\,COD\,值}\quad（\%）$$

（2）污泥反应热和所需空气量。湿式氧化通常依靠有机物被氧化所释放的氧化热来维持反应温度。单位质量被氧化物质在氧化过程中产生的发热值即燃烧值。湿式氧化过程中还需要消耗空气，所需空气量可由降解的 COD 值计算获得。实际需氧量由于受氧的利用率的影响，通常比理论计算值高出 20% 左右。污泥的燃烧值大致相等，一般约为 $（700 ~ 800）\times 4.1868\ kJ/kg$。

完全去除时空气的理论需要量与污泥中 COD 之间的关系为：

$$A = 4.3COD \quad （g\,空气/kg\,污泥）\tag{7-4}$$

相应的放热量为：

$$H = 4.3COD \times 3.16 = 13.6COD \quad （kJ/kg\,污泥）\tag{7-5}$$

（3）污泥中有机物结构。大量的研究表明，有机物氧化与物质的电荷特征和空间结构有很大的关系，不同的污泥有各自的反应活化能和不同的氧化反应过程，因此湿式氧化的难易程度也不相同。

今村一郎研究发现：氧在有机物中所占的比例越小，其氧化性越小；碳在有机物中所占的比例越大，氧化性越大。同时实验也发现异构体与氧化性有关，如异构体醇的分解顺序为：叔 > 异 > 正。Randan 等人对有毒有机物的湿式氧化的研究表明，无机及有机氧化物、脂肪族、卤代脂肪族化合物，芳香族和含非卤代烃的芳香族化合物易氧化，不含其他基因的卤代芳香族化合物（如氯苯和多氧联苯）难以氧化。Joglekar 研究酚及它的衍生物的湿式氧化动力学方程时，发现酚氧化反应为亲电子反应，芳香基与氧反应为慢反应，其氧化反应速度由大到小的顺序为 2-对甲氨基来酚 > 邻甲基苯酚 > 邻乙基苯酚 > 2,6 二甲基苯酚 > 邻甲基苯酚 > 间甲基苯酚 > 对氯苯酚 > 邻氯苯酚 > 苯酚 > 间氯苯酚。造成氧化反应速率不同的原因主要是，苯酚和氯苯酚自由基存在诱导期，而甲基苯酚不存在诱导期，因为甲基使苯环中的电子云密度增加，使之反应加快。

污泥中的有机物必须被氧化为小分子物质后才能完全被氧化。一般情况下湿式氧化过程中存在大分子氧化为小分子的快速反应期和继续氧化小分子中间产物的慢反应期两个过程。大量的研究发现，中间产物苯甲酸和乙酸对湿式氧化的深度氧化有抑制作用，其原因是乙酸具有较高的氧化值，很难被氧化，因此乙酸是湿式氧化常见的累积的中间产物。故在计算湿式氧化处理污泥的完全氧化效率时很大程度上依赖于乙酸的氧化程度。

（4）温度。温度是湿式氧化过程中非常重要的因素。很多研究表明，反应温度是湿式氧化系统处理效率的决定影响因素，如果反应温度太低、即使延长反应时间，反应物的去除效率也不会显著提高。

反应速率常数与温度关系服从 Arrhenius 公式。

实际过程中，当温度小于 100 ℃时，氧的溶解度随着温度的升高而降低；当温度大于 150 ℃时，氧的溶解度随着温度的升高而增大，氧在水中的传质系数也随着温度的升高而增大。同时，温度升高液体的黏度减小，有利于氧在液体中的传质和氧化有机物。大量的研究表明温度越高，有机物的氧化程度越彻底，但温度升高，总压力增大，动力消耗也增大，且对反应器的要求越高，因此，为满足氧化的效率和合理地设计能量消耗，从经济的角度考虑，应通过实验选择合适的氧化温度。

（5）压力。系统压力的主要作用是保持反应系统内液相的存在，对氧化反应的影响并不显著。如压力过低，大量的反应热就会消耗在水的蒸发上，这样不但反应温度得不到保证，而且反应器有蒸干的危险。在一定温度下，总压力不应该低于该温度下水的饱和蒸气压。

氧分压代表了在一定条件下反应系统内氧气的含量，因而氧分压在一定的范围内对氧化速率有直接的影响。氧分压不仅提供了反应所需的氧气，而且推动氧气向液相传输。氧分压影响的强弱与温度有关，温度越高影响越不明显。当氧分压增加到一定值时，它对反应速率和有机物的降解不起作用。

在101325 Pa下，水的沸点是100 ℃，要氧化有机物是不可能的。湿式氧化必须在高温、高压下进行，所用的氧化剂为空气中的氧气或纯氧、富氧空气。由于必须保证在液相中进行，温度高则氧化速度快，氧化度也高，但若压力不随之增加，使大量氧化反应热被消耗于蒸发水蒸气，造成液相固化（即水分被全部蒸发）无法保持"湿式"。因此，反应温度高，压力也相应要高，反应温度与相应的压力见表7-1。

表7-1　湿式氧化的反应温度与反应压力关系表

反应温度/℃	230	250	280	300	320
反应压力/MPa	4.5～6.0	7.0～8.5	10～12	14～16	20～21

反应温度低于200 ℃时，反应速度缓慢，反应时间再长，氧化度也不会提高。反应温度为230～374 ℃时，反应时间约1 h即可达到氧化平衡，继续延长反应时间，氧化度几乎不再增加。

7.3.3　湿式氧化工艺

根据湿式氧化所要求的氧化度、反应温度及压力的不同可分为以下三种。

（1）高温、高压氧化法。反应温度为280 ℃，压力为10.5～12 MPa，氧化度为70%～80%，氧化后残渣量氮含量少，氧化分离液的BOD为40～5500 mg/L，COD为8000～9500 mg/L，氨氮为1400～2000 mg/L，氧化放热量大，可以由反应器夹套回收热量（蒸汽）发电，但设备费用高。

（2）中温、中压氧化法。反应温度为230～250 ℃，压力为4.5～8.5 MPa，复化度为30%～40%，不需要辅助燃料，设备费较低，氧化分离液的浓度高，BOD_5为7000～8000 mg/L。

（3）低温、低压氧化法。反应温度为200～220 ℃，反应压力为1.5～3 MPa，氧化度低于30%，设备费更低，需要辅助燃料，残渣量多，氧化分离液

BOD_5 高。

湿式氧化可分为次临界氧化（低于 374 ℃，218 MPa）和超临界湿式氧化（高于 374 ℃，218 MPa）。前者反应条件易实现，反应可控，实践中经济实用，但反应过程中部分溶于水的有机质未被氧化分解而造成出水含量较高的有机质浓度；后者具有极高的转化率，可以氧化解包括多氯联苯在内的所有存在的有机质。美国 While Zimpro 公司一直在开发容器内次临界氧化技术，且取得了一定的成果。

7.3.4 湿式氧化应用特性

湿式氧化的优点主要有：适应性强，难生物降解有机物可被氧化；达到完全杀菌；反应在密闭的容器内进行，无臭，管理自动化；反应时间短，仅约 1 h，好氧与厌氧微生物难在短时间内降解的物质如吡啶、苯类、纤维、乙烯类、橡胶制品等，都可被炭化；残渣量少，仅为原污泥的 1% 以下，脱水性能好；分离液中氨氯含量高，有别于生物处理。

湿式氧化主要缺点：设备需用耐压不锈钢制造，难管理，造价昂贵，需要专门的高压作业人员管理；高压泵与空压机电耗大，噪声大（一套湿式氧化设备的噪声总强度相当于 70~90 个高音喇叭），热交换器、反应塔必须经常除垢，前者每个月用 5% 硝酸清洗 1 次，后者每年清洗 1 次，反应物料在高压氧化过程中，器壁有腐蚀作用；需要有一套气体的脱臭装置。

湿式氧化方法可以将有机物进行较彻底的氧化分解，使不溶性的高分子有机物变成短链的低分子有机物，从而改变污泥的成分和结构，使脱水性能大大改善，同时还可以去除某些有机物的毒性。相对于焚烧法而言，它还可以减少蒸发水分的步骤，从而节省了能量，且大气污染易于控制。湿式氧化有非常高的有机质去除率和能量回收、利用率，当污泥固体含量为 2%（其中 70% 为挥发性固体）时，一个小型的隔热良好的反应器就可以维持运转而不需要外加热量。与传统的污泥处理工艺，如厌氧消化相比，湿式氧化的优势在于处理时间短处理效率高，可大大减少设备的占地面积。

传统湿式氧化，工艺条件十分苛刻，要求在高温（300 ℃ 左右）、高压（10 MPa 以上）下进行反应，使得设备投资和运行费用都非常高，而且操作也比较困难，这些因素阻碍了湿式氧化技术的推广使用。

湿式氧化工艺发展趋势：应用极端反应条件，即超（近）临界湿式氧化以及应用催化剂，降低操作温度和压力。

超临界湿式氧化的操作温度和压力达到或接近水的超临界状态条件（温度 > 370 ℃、压力 > 40 MPa），利用有利的热化学转化（氧化）平衡条件和传递条件（超临界水的强烈溶剂作用），使污泥有机质完全被氧化，可基本免除处理产物的后续处理需要，达到简化技术体系的作用。美国得克萨斯州哈灵根首次大规模采用由 Hydroprosessing 公司开发的超临界水氧化法（SCWO）处理城市污水污泥，该处理场将可处理哈灵根水厂系统厂内含 7% ~ 8% 的固体的城市污水污泥 3.5×10^4 US gal/d，在该法称作 Hydrosolids 处理法中，有机物与 592 ℃ 高温和 23.47 MPa 高压接触被氧化成 CO_2 和水，重金属一般被氧化成不可浸提的状态或盐，黏土或矿物保持惰性流往下游。该处理装置造价 300 万美元，操作费用约为 180 美元/t 干污泥，用于农田和掩埋处理污泥的处理费用则为 295 美元/t 干污泥。然而，此处理装置产生的废热和 CO_2 产品可以出售，以每吨干污泥计，可销得 120 美元，使净操作费用减至 60 美元/t。

催化湿式氧化是利用过渡系金属氧化物和盐对有机物氧化可能存在反应的催化作用，在一定温度和压力下提高氧化反应速率，降低活化能，提高污泥氧化度，达到既简化后续处理要求，又不致过分增加投入的目的。从已有的发展情况看，催化剂的可回收性与耐用性将是其实用化发展中应解决的关键问题。日本大阪煤气公司开发了有良好活性和耐久性的催化剂，并提出反应条件可使温度降低到 200 ~ 300 ℃，压力为 10 ~ 15 MPa。对 COD 的去除率也大大提高。湿式催化氧化在催化剂的研究方面已经取得了一定的进展。但仍不完善，还需进一步开发有效降低压力和温度的催化剂。

用湿式氧化法处理剩余污泥，反应温度对总 COD 的降解效果影响很大。在 300 ℃ 和 30 min 的停留时间下，总 COD 可去除 80%，反应温度对剩余污泥氧化作业的影响大于活性污泥中溶解氧浓度的变化对湿式氧化效果的影响。在特定的温度和压力下，总 COD 要变成可溶性有机物，主要依赖于氧化时间。由于剩余污泥由大量的细菌群组成，它在高温下能够较容易水解，从细胞中释放出大量可溶性有机物，在 300 ℃ 以上，氧化 30 min 以后，除部分可溶性 COD 被氧化成 CO_2 和水外，剩余可溶性有机物成分都是以乙酸和其他有机酸为主的难分解有机物。在这一过程中，82% 的 COD 降解（75% 被氧化，7% 转化成可溶性有机物），18% 的 COD 以不溶性形式存在，70% 以上的 MLSS 被去除，且使 MLVSS、MLSS 的比率明显降低。反应中灰分并没有发生化学反应，它的减少是由于本身被溶解进入溶液中所致，经处理后的 MLSS 极易从混合液中沉淀出来。为了使污泥得到进一步的生物处理，目前国外研究的方向大多集中在污泥成分的转化上。湿式氧化液体中剩余有机物在临界条件下很难被氧化，最终的产物以乙酸的形式存在，而不是 CO_2 和水。在湿式氧化处理中，乙酸很难进一步被氧化，但在厌氧和好氧生物处理过程中十分容易被降解，因此在湿式氧化设计中通常选择乙酸的浓度作为动力学参数，活性污泥的组分非常复杂，很难用一个简单的表达式表示，所以，在设计湿式氧化处理系统时，必须使用简化的分析参数，例如 MLVSS、可溶性 COD、乙酸、甲醛等，这些参数被优化组合后，就有可能使湿式氧化系统在最佳条件下运行，并为下一步的生物处理提供最易降解的原料。

湿式氧化法处理城市污水厂活性污泥是十分有效的。但由于是在高温高压下运行，设备复杂，运行和维护费用高，适用于大中型污水处理厂。垂直深井湿式氧化反应器是依靠污泥液的自身重力产生高压，当井深达 1200~1800 m 时，在深井反应器下部可产生 12~18 MPa 高压，形成污泥、废水、氧和富氧气体构成的多相系统，当反应温度达 278 ℃时，COD 和总挥发固体去除率达 80% 和 98% 以上。在深井反应器底部进行氧化反应，反应后的液体向上流与向下流的进料液通过井壁换热。处理后污泥流出地面，用于加热进料液后，再进入三相分离器。与传统的反应器相比，垂直深井式反应器在地下，安全可靠，而且深井系统不需要高压泵，并且热量散失少，可大大节约能耗。Ver Tech（荷兰）应用次临界氧化技术，在 Apeldorn 建立了一座深 120 m，直径 0.95 m，内置套管和恒温器的深井，井底温度为 270 ℃，通过深井后 COD 去除率达 70%。

8 污泥热解气

现在的污泥处理还未形成行业，污泥的处理技术也五花八门，现有正在使用的处理技术整体水平较低，过去的 10 年里，国家集中完成了全国城镇污水处理基础建设的升级换代，但忽略了污泥处置的必要性，这直接导致了近几年污泥所造成的环境公害事件层出不穷，好消息是，随着污水处理行业的逐步成熟，污泥处置这项课题也慢慢被提上日程，这直接刺激了污泥处理技术的研究，形成目前污泥处置技术百花齐放，政府对污泥处理减量化的追逐使得目前污泥减量化处置成为热点，但国内许多专家学者对高耗能的污泥干化都持消极态度，污泥的减量化是污泥处置的目标之一，但绝不是终点，污泥的处理要做到减量化、无害化、资源化"三化"合一才是污泥处置的终极目标。目前全国污泥处理的主流技术仍旧是以减量化为目的，填埋仍旧是主要解决办法，在现在垃圾围城各城市垃圾填埋场都爆棚的现状下，污泥填埋更显尴尬。笔者认为现在已经到了环境问题倒逼技术升级的地步，在未来的一段时间里，污泥处置技术只有能同时实现"三化"的技术，才能迈进污泥处置行业的门槛，才有可能在即将袭来的污泥处置风暴中占有一席之地，才有可能得到大规模推广应用，比如污泥热解气化技术。

污泥热解气化技术是将污泥热解气化作为污泥处置的核心技术，以烘干、造粒、尾气处置、废渣利用为依托的系统工程。主要目的就是在无臭、无污染的前提下使污泥实现大规模的减量化、无害化、资源化成为现实。比目前传统技术的优点在于在减量化的前提下，以较低的成本实现污泥的无害化、资源化，污泥热解气化技术在工艺设计上就规避了污染物二噁英类物质的产生条件，系统的高温是臭味和病菌的克星，可以将硫化氢，氨类物质彻底分解，将有害病菌全部杀死，特别是对重金属的稳定化，热解气化技术具有天然优势，系统的高温将污泥中的重金属牢牢地锁在流化的硅酸盐晶体结构中，该晶体异常稳定，在酸碱环境下试验均不会溢出。热解气化技术对污泥中有机物的利用率高达 70%，在高温贫氧下，有机物被热解为一氧化碳、氢气、烷类等可燃气体，可以更方便、清洁的被利用。污泥经热解气化高温处理，体积大幅度下降，气化后有机物以气体形式流出，剩余的无机物经高温流化，密度更高，质量更重，强度大幅上升，被用于制作免烧建材重复利用。

8.1　技术核心与原理

第一步：干燥后的污泥从炉顶部加入热解气化炉中，在下降的过程中与温度在 $80 \sim 120$ ℃的热解燃气接触，在 $1 \sim 2$ h 内不断脱去附着水，水变成蒸汽和热解燃气一起排出炉外，污泥逐步变干燥。

第二步：干燥后的污泥，在部分反应层上升过来的温度高达 $200 \sim 450$ ℃的灼热燃气的烘烤下，发生干馏反应，生成烷类（C_mH_n）、一氧化碳（CO）、焦油等可燃气体和水蒸气（H_2O），塑料橡胶等物质中的氯（Cl）元素生成氯化氢（HCl）气体，硫（S）元素生成（H_2S）气体，以上所有气体一起从炉体上部排出。

第三步：经过干馏后的污泥，主要残留物是焦炭和少数黏土等不可燃物，在 $1100 \sim 1200$ ℃高温下，通过水蒸气的作用，发生氧化还原反应产生一氧化碳（CO）、氢（H_2）等可燃气体，从炉体中部排出。

第四步：污泥可燃物气化完成变成含少量固定碳的无机熔渣，通过特制出渣机构从反应炉底部排除。

8.2　工 艺 流 程

工艺流程如图 8-1 所示。

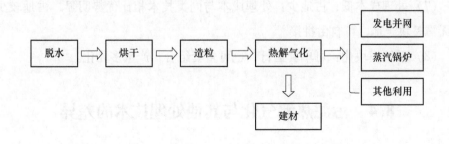

图 8-1　工艺流程

　　污泥热解气化技术先将污泥预处理，机械脱水或未经机械脱水的污泥经过低温烘干，去除污泥表面附着水及内含水，降低污泥含水率；烘干后的污泥在热解气化之前完成造粒成型，污泥被制成均匀颗粒的棒状或片状，便于提高气化速率，烘干废气经捕水后，通入气化系统；造粒后的污泥被热解气化，污泥中的有机物被气化成可燃气体，无机物以炉渣的形式固定下来从底部排出；可燃气体可用作发电，工业蒸汽等能源，燃烧后的可燃气经除尘、脱硫等净化后，达标排放。

8.3　热解气化优势

　　热解气化优势如下：

　　（1）处理污泥无臭无味：系统封闭，负压烘干，可燃气高温处理，气体净化。

　　（2）无二噁英类物质产生：贫氧气化条件，杜绝二噁英类物质生成所需的氧气。

　　（3）避免污泥中重金属污染风险：高达 1200 ℃的高温，重金属被牢牢固化在流化的无机硅酸盐晶体结构中，酸碱条件下均不会析出。

　　（4）减量化明显：有机物被提炼出来，无机物高温下熔融流化。

　　（5）资源化效率高：气化效率高达 70%，有效利用有机成分，无废弃物外排，泥渣制作免烧建材。

　　（6）技术先进，工业化水平高：超低排放，环境指标远低于国家标准，满足未来环境标准的需要，处理规模可大可小，适应各种产量。

　　（7）处理成本低，占地少：处理成本与同类技术相比优势明显，占地较少，且无需整块土地，可自由拼接。

　　（8）系统模块化：可单套运行，也可多套组合，产量多元化。

8.4　污泥热解气化与其他处理技术的差异

　　污泥热解气化与其他处理技术的差异见表 8-1。

表 8-1 污泥热解气化与其他处理技术的差异

焚 烧	热 解	湿式氧化	加热法	堆肥法
焚烧需设置较复杂的热回收系统来驱动发电运行及维护费用高昂	热解气化直接将污泥气化生成清洁可燃气体，直接通过燃气发电机发电	没有实现资源化，药剂的添加对资源化利用造成困难	没有实现资源化	可以实现污泥资源化
焚烧将产生含二噁英、重金属、氮氧化物等有毒有害气体	从技术原理上就避免了有毒有害气体产生，不产生二噁英类气体，重金属被固化在熔融状炉渣中，稳定性高	添加大量酸碱药剂，直接排放，大多直接填埋	直接排放，大多直接填埋	水解后污泥残渣若不科学处理，会造成环境风险
需要很大投资进行排放治理才能满足当前环保要求	不仅能够达到现有的污染排放标准，而且还可满足未来更严格的排放标准	较落后，不再适应现代发展	较落后，可以作为污泥预处理技术	可以满足当前环保要求
焚烧将产生含二噁英、重金属、氮氧化物等有毒有害气体	从技术原理上就避免了有毒有害气体产生，不产生二噁英类气体，重金属被固化在熔融状炉渣中，稳定性高	添加大量酸碱药剂，直接排放，大多直接填埋	直接排放，大多直接填埋	水解后污泥残渣若不科学处理，会造成环境风险

8.5 影 响 因 素

根据热解过程操作温度的高低可分为低温、中温和高温热解，在 500 ℃以内的为低温热解，500~800 ℃为中温热解，800 ℃以上的为高温热解，不同温度的热解过程见表 8-2。

表 8-2 不同温度的热解过程

温 度	工 艺 过 程
100~120 ℃	干燥，吸收水分分离，尚无可观察的物质分解
250 ℃以内	减氧脱硫发生，可观察物质分解，结构水和 CO_2 分离
250 ℃以上	聚合物裂解，硫化氢开始分裂
340 ℃	脂族化合物开始分裂，甲烷和其他碳氢化合物分离出来
380 ℃	渗碳

温　度	工　艺　过　程
400 ℃	含碳氧氮化合物开始分解
400~420 ℃	沥青类物质转化为热解油和热解焦油
600 ℃以内	沥青类物质裂解成耐热物质（气相，短链碳水化合物，石墨）
600 ℃以上	烯烃芳香族形成

　　影响热解过程、产物产率及组成的因素有热解温度、压力、升温速率、气固相停留时间及物料的尺寸等，其中热解温度是最主要的影响因素。

9 污泥制油

目前污泥资源化研究已经取得了很大的进展和显著的成果，包括污泥低温制油技术和污泥直接液化制油技术。

9.1 污泥低温热解技术

9.1.1 污泥低温热解

热解是一种用于将有机物转化为燃料和基本化学原料的基础技术工艺。热解工艺起初主要用于处理原油。有机废物的热解是一种资源化方法，且它与可持续发展理念相一致，有机废物的热解越来越受到了人们关注。研究得出热解气体产物和液体产物中含有有价值的可燃组分。由于液体燃料易于使用和运输，因此，有机物热解的研究目的主要是得到最大产率和最高热值的液体燃料。污水污泥与大部分有机废物相同，含有大量易挥发性有机物质，因此通过热解可以将污泥中储存能量，以热量或作为燃料或制造出特殊的化学品的形式释放出来。污泥热解是一种新兴的污泥热处理工艺，在无氧或低于理论氧气量的条件下，将污泥加热到一定温度（高温：600~1000 ℃，低温：<600 ℃），利用温度驱动污泥有机质热裂解和热化学转化反应，使固体物质分解为油、不凝性气体和炭 3 种可燃物。部分产物作为前置干燥与热解的能源，其余当能源回收。目前国内外的研究重点放在低温热解上。主要是对它的经济性、技术可行性、二次污染以及热解油的市场前景等进行深入研究。在国外，现已有热解法处理含油污泥的工业化应用。国内对于低温热解法的研究还处于实验阶段。

9.1.2 工艺操作条件对污泥热解的影响

许多研究者认为操作条件，如温度、停留时间和加热速率对热解产物及其分布状况有很大的影响。BAYERt 在温度为 250~320 ℃ 范围内，对 4 种污水污泥和

1 种有机废物的低温裂解制油过程进行了研究。得到反应温度和停留时间的适宜值分别为 300~320 ℃和 0.5 h。Inguanzo 研究了热解条件，如加热率和最终热解温度对热解产物化学特性的影响。该研究得出热解温度的增加导致固体产率的减少。而气体产率相应增加，液体部分几乎没有变化。此外，加热率的影响，仅在相对低温时才有相当重要的表现。

9.2　污泥直接液化技术

直接液化技术，生物质热化学转化工艺之一。在没有通过脱水干燥的条件下，能处理高湿度的生物质且无需使用还原性气体，如煤液化时所需的 H_2 或 CO。因为脱水过程需要消耗大量能量和还原性气体，直接液化技术则降低了工艺的成本。美国研究者已经研究了有机物（包括城市垃圾、农业废弃物和污泥）的直接热化学液化。污泥直接液化技术，即在 250~350 ℃、5.0~15 MPa 条件下，在催化剂的作用下，污泥中有近 50% 的有机物通过水解、缩合、脱氢、环化等一系列反应转化为低分子油状物。ITOHI 在 300 ℃和 10 MPa 条件下，利用脱水污泥处理装置将污泥中 48% 的有机物转化为重油，热值为 37~39 MJ/kg。YUTAKAI 在 300 ℃，N_2 气压 2 MPa，Na_2CO_3 为催化剂的条件下，污泥的产油率高达 43.5%。贺利民对炼油厂废水处理污泥进行了研究试验，Na_2CO_3 为催化剂，N_2 气压 1.4 MPa，考察了温度（170~300 ℃）和反应时间（0~90 min）。产油率随温度的升高而增加，当温度为 300 ℃时产油率达 54.6%。

污泥直接液化制油有三种常见形式，分别讨论原料参数和工艺参数对生物产油率的影响，最后总结了热液化技术所面临的问题和未来的研究方向。

9.2.1　热液化制备生物油技术及热解机理

9.2.1.1　常见的热液化制备生物油技术

（1）直接热液化。直接热液化是通过热化学反应制备生物油的常用方法，通常在一定温度（200~400 ℃）、压强（5.0~25 MPa）和反应时间（2 min~数小时）以及存在催化剂的条件下进行，具有以下优势：1）与低温热解相比，原料无需离心脱水再干燥（含水率 <5%），只需机械脱水（含水率为 70%~80%），剩余能量可达 20%~30%；2）能够处理湿生物质，在原料方面表现出

极大的灵活性；3）反应发生在封闭的容器中，反应过程中产生的有毒气体较少，造成环境二次污染的可能性较小。但直接热液化需要在较高温和高压下进行反应，对设备的投资和维护成本较高，产物在分离和加工过程中难闻的气味也较难解决。

（2）超临界液化技术。超临界液化是将溶剂升温、加压至超临界状态的一类特殊的热液化工艺技术，利用超临界流体作为反应介质，具有高溶解性和高扩散力，可有效控制反应活性。水作为一种特殊的溶剂，在亚/超临界状态下都具有特殊的性质。Yang 等人研究了亚临界水是否可以直接作为反应溶剂，在亚临界状态下，虽然单位体积的水中 H^+ 和 OH^- 离子物质的量相同，但是 H^+ 和 OH^- 离子浓度是常态水的 100 倍，并且活跃性更高，所以水在亚临界状态下可以作为酸碱性溶剂，而不需要外添加剂。此外，Wang 在超临界水中的产油率最高，水的临界温度为 374.3 ℃，为 350 ~ 500 ℃，随着温度的升高，产油量先上升后下降，在 375 ℃ 达到超临界水状态时产油率获得最大值 39.73%，并提出超临界水可以作为强溶剂、反应物和促进反应的催化剂。

同时，研究者们也在尝试更换溶剂类型，以达到更加温和的临界条件。王学生等人研究了加入乙醇溶剂对制革污泥超临界直接热液化的影响，实验结果表明：1）在 230 ~ 250 ℃ 时，产油率上升明显，这是因为乙醇在临界点（临界温度：240.75 ℃）前后性质发生了突变；2）继续升温产油率持续增加，在 290 ℃ 达到峰值（42.3%）后开始波动，这是因为高温促进中间体进一步裂解生成不凝性气体，导致产油率下降。超临界流体具有气体和液体的双重特性，选择适当的溶剂可降低生物质液化所需的最佳温度，并且提供更多用于稳定热解反应中间体的活性氢，从而进一步提升产油率。

（3）共液化技术。在近几年逐渐兴起一种污泥与其他生物质混合热液化技术，即共液化技术，其主要目的是获得更多的生物油和缓解单独液化反应中造成的环境污染。油漆污泥含有较少的碳氢化合物，与富含碳氢化合物的藻类共液化可以提高生物产油率。在污泥原料含有较少的蛋白质和脂质的情况下，虽然污泥和稻草/木屑的共液化可能不会提高生物产油量和转化率，但可以降低生物油中杂原子（氮和硫）的含量，以及增加酚类化合物的含量。在超临界甲醇条件下，将污泥和油茶饼混合后共液化，添加油茶饼不仅提高了油脂产率，而且降低了油脂中重金属含量，但尚不清楚油茶饼中的哪种特定成分促进了油的形成。共液化虽然能够在一定程度上促进液化反应，但两种材料的混合会增加原料的复杂性，在去除某些原杂原子的同时可能会带来新的污染，并且还增加了对生物油成分分析和形成机理的研究难度。

9.2.1.2 热解机理

污泥热液化的本质是热解，首先污泥中大分子有机物的长碳链断裂生成不稳定的中间体，然后中间体与溶液中断裂的氢键结合，最后形成低分子的油类产物，经历了反复聚合、水解、脱氢、环化等一系列反应过程，如图9-1所示。

图9-1 污泥热液化基本反应路径

生物质在液化过程中存在两种相互竞争的反应：水解和重聚合。反应机理非常复杂，要对每个反应进行研究十分困难，通常只对宏观进行研究。生物质液化过程的主要目的之一是降低生物质的氧含量，脱水和脱羧是两个主要的反应，分别以 H_2O 和 CO_2 的形式去除氧原子。

9.2.2 影响污泥热化学液化生物产油率的主要因素

9.2.2.1 原料参数的影响

（1）污泥成分。污泥是一种成分复杂的非均质体，根据污水来源不同分为城市污泥和工业污泥。工业污泥来源广泛、成分复杂，并且有毒物质含量较高。城市污泥因污水来源相对稳定，其主要成分也基本稳定，见表9-1，但由于污水处理技术没有标准化，不同的处理工艺也可能会造成污泥成分相差甚大。不同种类的污泥的成分及含量都不同，这在很大程度上会影响产油率。

对不同种类有机物进行热液化处理，影响生物产油率的趋势为：脂质＞蛋白质＞碳水化合物。对螺旋藻、猪粪和厌氧消化污泥水热液化，三种生物原料水热液化的结果：1）螺旋藻的生物原产油量最高（32.6%），猪粪的产量稍低

（30.2%），而厌氧消化污泥产油量最低（9.4%），这可能是因为厌氧消化污泥中含有较多的半纤维素和木质素，这些物质都会导致较低的转化率；2）厌氧消化污泥实验结果也明显低于消化污泥的产油率（25%），这可能是污泥处置前消化程度不同。结果1）上述结论是一致的，即碳水化合物的产油能力较低；结果2）也证实了即使同一种污泥也不能保证相似产油率的猜想。

将污泥作为热液化原料，其成分的特殊性、复杂性，影响最佳实验条件及油品质，这将对生物油的大规模生产和应用造成困难。

城市污泥基本成分及特性见表9-1。

表9-1 城市污泥基本成分及特性

名　称	特　性
水	通常含水率可达80%及以上，其中初沉池污泥含水率一般为95% ~ 97%，二沉池剩余污泥含水率一般高达99%及以上
重金属	主要包括As、Cd、Cr、Cu、Ni、Pb和Zn等，含量随具体来源变化
有机成分	90%以上的有机质为蛋白质、多糖和脂质，其中酯类物质最高占干基的30%
无机物（无机氧化物）	Si、Al、Fe和Ca，SiO_2、Al_2O_3、CaO和Fe_2O_3等
pH值	一般为6.5 ~ 7.0，属于中性

（2）溶剂性质。在生物质热化学液化中，溶剂具有分散、稳定和溶解原料热断裂后的分子碎片的作用。污泥热化学液化时，溶剂的主要作用是溶解和防止液化产物的再次聚合，在分散生物质原料的同时提供活性氢。常用的污泥热液化溶剂有水和乙醇、丙酮等有机溶剂，在相同温度下，不同溶剂中生物质产油率排序为：乙醇 > 水-乙醇共溶剂 > 正己烷 > 水；并且溶剂对生物质油品质有显著影响，加入适量乙醇溶剂，生物油以酯类、烷烃为主，油品质较好。因为乙醇的临界温度远小于水的临界温度，将乙醇作为溶剂可以降低反应温度，从而减少反应需要的能量，但加入有机溶剂后会增加产物分离和催化剂回收的难度，在选择溶剂类型时应该综合考虑。另外，实验发现产油率随含固率R1（干污泥与溶剂的比值）的提高先上升后下降，在R1为10/200时获得了较高的产油率（53.08%），表明污泥与丙酮溶剂有较好的协同作用，但需要严格控制两者的比例。

9.2.2.2　工艺参数的影响

（1）催化剂。催化剂的主要作用是促进反应正向进行，从而提高生物产油率。综合温度、催化剂和反应停留时间三个因素对反应的影响，方差分析结果表明催化剂是影响产量的最显著因素。

但是污泥的成分复杂，应该首先对是否添加催化剂进行研究。若原生混合污泥本身含有较多具有催化作用的盐类物质，不使用催化剂的产油率是最佳的；反之若盐类物质较少，加入适量的催化剂，可以很大程度上提高重产油率，但催化剂对产油的元素和热值几乎没有影响。另外，虽然使用化学催化剂可以有效提高反应速率，提高生物油品质，但是化学催化剂对反应釜普遍存在腐蚀性，这会加大对反应釜的要求。目前常用的催化剂类型主要有碱性催化剂和碱式盐催化剂，黄华军分析了碱性催化剂的作用，在丙酮溶剂中加入 5% 的 NaOH 溶液后，丙酮溶剂中活跃的氢离子更容易作为质子离去，脱去的 H 能够与污泥产生的自由基-R 结合，生成稳定的中间体，进而提高了产油率。并且作者认为添加合适的催化剂不仅可以提高转化效率，还可以进一步固定生物焦中的重金属。李佳菊忽略小球藻自身较少的钠元素对其热解的催化作用，加入 3 种钠盐催化剂都提高了小球藻热解转化率，转化率大小为 $Na_2CO_3 > Na_2SO_4 > NaCl$；产油率随着催化剂用量的增加先上升后下降，碳酸钠中钠离子质量为小球藻质量的 5% 时得到最高产油率。综合上述研究结果可以发现，5% 是比较常用的催化剂用量。同时催化剂重复使用对生物产油率有影响，在油漆污泥和生物质的共液化中，使用膨润土作催化剂超过第 4 个循环后，生物产油量下降到不使用催化剂时的水平。当催化剂的成本较高时，有限地循环利用催化剂可以减少液化成本。

（2）反应温度。温度的变化会持续影响生物油组成和产率。首先，温度的上升会促进生物油的产量；在产油量达到最大值后，轻质类产率升高，而液体产率受到了抑制。水作为最基本的反应溶剂，研究水温对生物产油率的影响是十分有意义的。研究了污水污泥在 170 ℃（用于污水污泥的热水解和增强脱水性的一般温度）和 320 ℃（用于由生物质生产生物粗产物的一般温度）下的水热液化，发现温度对水热液化废水的分子组成有显著影响。温度越高，生成的有机物分子量越低，饱和程度越低，氧化程度越低，生物降解性越差，含氮物质越多。其次，在 340 ℃时获得了最大生物产油率 37.1%，这主要是因为亚临界水可以破坏细胞壁和增加细胞膜的水解，以此加速细胞内游离脂肪酸和中性脂质的释放；分析认为 340 ℃是城市污泥热液化的临界温度，当温度超过临界值时，高温促进了生物油分解成气体和含水馏分。对城市污泥的水液化实验发现：粗油产率随反应温度增加而增加，并且增长率比较平稳，在 370 ℃时达到最大（26.82%）；当温度超过水的临界温度（374 ℃）时则可能会增强气化反应，促进粗油进一步裂解生成挥发性气体产物。

随着实验方法不断改进，同时研究了有机溶剂的温度影响。王学生等人在以乙醇为溶剂的制革污泥超临界直接液化实验中，乙醇达到超临界温度时得到了最高产油率。荣成旭以丙酮为溶剂对水葫芦热液化的实验结果表明：反应温度是产油率的显著性影响因素；在停留时间 90 min 及水葫芦和丙酮的质量比为 1∶5 的条件下，随着液化温度的升高，生物油的产率先升高后降低，在 270 ℃时产油率最高为 22.54%。就操作成本和生物产油量而言，非常高的温度通常不适合生产生物油。通常情况下，水溶剂在亚临界温度内产油率最高，通常为 320~370 ℃；对于乙醇、丙酮等有机溶剂而言，最佳产油率通常发生在超过临界温度之后，但因为有机溶剂的临界温度远小于水溶剂，总体而言，有机溶剂更有利于热化学液化在较低温条件下进行。同时，因为反应发生在密闭容器中，高温通常伴随着高压条件，这也直接导致对实验仪器的要求变高。

（3）停留时间。脱水污泥直接热液化中影响生物产油率大小的排序为：催化剂 > 反应温度 > 停留时间。以脱水污泥为原料，十六烷基三甲基溴化铵和亚临界水联合预处理后水热液化制备生物油，实验停留时间超过 15 min 后，停留时间对生物产油率几乎无影响，但气体产物显著增加（气相增加 7.57%）。停留时间对生物产油率的影响相对较小，但停留时间的长短会影响大分子产物的生成和保存，停留时间过短不利于大分子产物的生成。城市湿污泥在水热液化时停留时间对产物分布的影响不显著，随着停留时间从 0 增加到 20 min，生物产油率从 35.7% 增加到 37.1%，20 min 后生物产油率反而开始下降。Wang 在乙醇-水共溶剂中催化液化二沉池污泥，在 0~30 min 段，生物产油率从 17.08% 急剧上升到 47.45%，这段时间内，污泥中几乎所有的有机物都已经分解和液化，当停留时间达到 30 min~2 h，生物产油率稳定地下降，这可能是因为液体产物进一步分解成气体、水和固相产物所致。污泥热液化过程中主要发生酯化反应，适当增加停留时间有助于生产生物油，但由于酯化反应可逆，反应达到动态平衡后，当停留时间太长时，中间产物之间的缩合、环化和再聚合反应的机会增加，从而导致生物产油率降低。

9.2.3　结论与展望

从经济上而言热液化对污泥一类湿生物质的制油转化十分有利，对热液化技术类型、实验条件等都还有很大的研究空间。并且，目前对污泥液化产物油的应用还很局限，仅用于石油燃料替代品和化工原材料，对产物进行深入的分析以开拓崭新用途的研究相对较少。综上所述，将热液化在技术和实验条件上存在的问题和研究方向总结如下：

（1）共液化是在单一污泥热液化技术上提出的，既能提高污泥生物产油率和品质，又能同时解决两种废弃物的处置问题，是一种理想的油化技术。但添加新的生物质会增加原料的复杂性，目前的研究尚未精确原料混合后的实验状态，所以在污泥热液化的基础上，研究污泥与其他生物质共液化机理是非常有意义的。

（2）污泥种类繁多、成分复杂，选择有机物含量更多的污泥有助于提升生物产油量。并且需要对污泥具有催化效果的成分进行定性分析，以选择合适的催化剂种类和用量。

（3）有机溶剂的临界温度与水相比较低，反应条件相对温和，并且获得的生物质产油率较高，油品质较好，所以有机溶剂是污泥热液化的良好选择，但目前针对污泥热液化溶剂以水为主，有机溶剂涉及范围较小，因此未来的研究重点应该放在有机溶剂上。

参 考 文 献

[1] 郝晓地，陈奇，李季，等. 污泥焚烧无须顾虑尾气污染物 [J]. 中国给水排水，2019，35 (10)：8-14.

[2] 王莉，何蓉，雷海涛. 城镇污水处理厂污泥处理处置技术现状综述 [J]. 净水技术，2022，41 (11)：16-21，69.

[3] 徐一啸. 农村污泥处理方法研究进展综述 [J]. 广东化工，2018，45 (18)：91-93.

[4] 张权，张有为，蒲港. 污泥处理现状及资源化利用研究综述 [J]. 2018，44 (6)：192-194.

[5] 贺君，王启山. 给水厂污泥制高强陶粒技术研究 [J]. 工业安全与环保，2010 (11)：51-52.

[6] 张文艺，郑泽鑫，韩有法. 沼液净化沉淀污泥制备颗粒肥料及其缓释特性研究 [J]. 中国沼气，2015，33 (2)：58-61.

[7] 国家环保局《水和废水监测分析方法》编委会. 水和废水监测分析方法 [M]. 4 版. 北京：中国环境科学出版社，2002.

[8] ZHANG T X, KEITH E B, JOSEPH H H. Releasing phosphorus from calcium for struvite fertilizer production from anaerobically digested dairy effluent [J]. Water Environment Research, 2010, 82 (1)：34-42.

[9] 李东洁，刘树庆，李鹏. 高肥料投入条件下不同污泥用量对油菜生长及品质的影响 [J]. 农业环境科学学报，2013，32 (9)：1752-1757.

[10] 康少杰，刘善江，李文庆. 污泥肥对油菜品质性状及其重金属累积特征的影响 [J]. 水土保持学报，2011，25 (1)：92-95.

[11] 金顺利，陈步东，曹飞飞. 城镇污泥脱水过程伴生恶臭控制技术研究进展 [J]. 能源环境保护，2021，35 (2)：19-22.

[12] 陈剑波. 污泥热水解处理产生的恶臭污染物治理方法研究 [J]. 广东化工，2020，47 (10)：87-91.

[13] 马津麟，张蒙雨. 生活垃圾焚烧厂协同处置污泥的技术研究 [J]. 科技与创新，2023，9：14-17.

[14] 杨玲. 碳中和背景下污泥干化技术应用研究 [J]. 中国资源综合利用，2023，41 (6)：80-84.

[15] 章华熔. 带式污泥干化中热风压降实验研究 [J]. 环境保护与循环经济，2022 (12)：15-18.

[16] 刘武军. 含油污泥热解资源化及过程污染控制研究进展及发展趋势 [J]. 能源环境保

护，2023，37（2）：196-1200.

[17] WANG Y, CHEN G Y, LI Y B, et al. Experimental study of the bio-oil production from sewage sludge by supercritical conversion process [J]. Waste Management, 2013, 33 (11): 2408-2415.

[18] 张逸秋，吴诗勇，吴幼青，等. 城市污泥水热液化过程及产物特征 [J]. 华东理工大学学报（自然科学版），2020，46（2）：234-242.

[19] YANG T H, LIU X S, LI R D, et al. Hydrothermal lique faction of sewage sludge to produce bio-oil：Effect of copretreatment with subcritical water and mixed surfactants [J]. The Journal of Supercritical Fluids, 2018, 144：28-38.

[20] 曹雪娟，卢治琳，邓梅第. 污泥热化学液化制油技术研究进展 [J]. 应用化工，2022，51（4）：1186-1190.

[21] 徐强. 污泥处理处置技术及装置 [M]. 北京：化学工业出版社，2003.

[22] 崔玉波，尹军. 剩余污泥人工湿地处理技术 [M]. 北京：化学工业出版社，2012.

[23] 张辰. 污泥处理处置技术与工程实例 [M]. 北京：化学工业出版社，2006.

[24] 王绍文，秦华. 污泥处理处置技术及装置 [M]. 北京：中国建筑工业出版社，2007.

[25] 谷晋川. 城市污水厂污泥处理与资源化 [M]. 北京：化学工业出版社，2008.

[26] 赵玉鑫. 城市污泥处理技术及工程实例 [M]. 北京：化学工业出版社，2016.

[27] 朱开金. 污泥处理技术及资源化利用 [M]. 北京：化学工业出版社，2006.